SUPERサイエンス

生物発光の謎を解く

国立研究開発法人産業技術総合研究所

近江谷克裕 Ohmiya Yoshihiro

三谷恭雄 Mitani Yasuo

C&R研究所

■本書について

● 本書は、2021年4月時点の情報をもとに執筆しています。

●本書の内容に関するお問い合わせについて

この度はC&R研究所の書籍をお買いあげいただきましてありがとうございます。本書の内容に関するお問い合わせは、「書名」「該当するページ番号」「返信先」を必ず明記の上、C&R研究所のホームページ(https://www.c-r.com/)の右上の「お問い合わせ」をクリックし、専用フォームからお送りいただくか、FAXまたは郵送で次の宛先までお送りください。お電話でのお問い合わせや本書の内容とは直接的に関係のない事柄に関するご質問にはお答えできませんので、あらかじめご了承ください。

〒950-3122　新潟市北区西名目所4083-6
株式会社C&R研究所　編集部
FAX 025-258-2801
「SUPERサイエンス 生物発光の謎を解く」サポート係

はじめに

ホタルやホタルイカのイメージから日本人は発光生物の光は黄色か青色を連想しがちですが、世界に目を向けると発光生物は「紫、藍、青、緑、黄、橙、赤」色の多彩な光を放っています。

私たちは世界を旅して、発光生物の放つ光に魅せられ続けてきました。しかし研究者にとって、この光は単に美しいだけでなく、そこには基礎研究、応用研究、製品化研究としての大きな魅力をもつ研究対象でもあります。フィールドに立ち、発光生物を観察、収集し、それを研究室に持ち込み、物質レベルでそのメカニズムの解明を目指す。さらに、生物発光の仕組みを利用して、生命情報を読み解く技術を生み出し、企業と共に技術を完成させ、最後には皆さんに役立つ製品に変えていくことができる、本当にユニークな研究対象なのです。

この本では、そんな生物発光の魅力を、

・第1章では発光生物全般の紹介と生物発光の役割を解説
・第2章では生物発光の仕組みを各ルシフェリンの化学反応を中心に解説

・第3章では私たちが大好きな発光生物の魅力を私たちの研究、知見を中心に紹介
・第4章では生物発光に関わる歴史をアリストテレス時代からひも解く
・第5章では生物発光が身近で使われている応用例を解説
・第6章では私たちの仕事を中心に生物発光技術による生命科学研究の最前線を紹介という流れで、生物発光の魅力ある世界を紹介したいと思います。読後、生物発光が最強の光であることをご理解いただければ、筆者としてこの上ない幸せです。

この本を書くにあたり、これまでのすべての共同研究者の皆さんに感謝いたします。特にフィールドワークを共にした大場信義博士、小江克典博士、一橋亮博士、安野理恵博士、蟹江秀星博士、鎌形洋一博士らに、写真を提供いただいたVadim Viviani博士、Jerome Mallefet博士、Karen Sarkisyan、Natalya Rodionova博士、柄谷肇博士、宮武健仁氏、丹羽一樹博士に、また、研究データを提供いただいた中島芳浩博士、斎木パパウィー博士らに感謝いたします

2021年4月

近江谷克裕・三谷恭雄

CONTENTS

Chapter 1 生物発光とは

CONTENTS

Chapter 2
生物発光の仕組み

Chapter 3

発光するさまざまな生物たち

CONTENTS

Chapter 4 生物発光の歴史

Chapter 5 身近で使われている生物発光

CONTENTS

Chapter 6 世界を変える生物発光

Chapter. 1
生物発光とは

SECTION 01

多様な発光生物

生物が自ら発する光が、個体内の化学反応により生み出されるものが生物発光です。そして生物発光する生物を発光生物と呼びます。

発光生物は進化的な観点でみれば微生物から魚類まで、両生類、爬虫類、鳥類、哺乳類には発光生物はいません。また、植物に発光するものはいません。光合成なら全ての植物が必須の機能です。しかし同じ光に関わる生理現象ですが、発光生物の事情は少し違います。

例えば、コメツキという昆虫は世界中におよそ1万種と言われていますが、光るコメツキは中南米など限られた地域や限られた種しかいません。つまり、生物発光は生物の必須の仕組みではなく、ごく限られた生物の中の、ごく限られた種だけに許された生理機能です。生物発光のユニークさはまさにそこです。

発光生物は微生物から魚類まで

発光生物ですぐに思い当たるものはホタルではないでしょうか。日本人ほどホタル好きな民族もいないでしょう。特に日本は発光生物の宝庫で、海にも陸にも多くの生物発光現象を目にすることができます。はじめに生物全体の中での発光生物たちを整理しましょう。

38億年前に誕生した生命体は進化と共に種類を増し、およそ125万種存在すると言われています。その中には動物がおよそ95万種、植物が21万種、残りはカビやキノコなどの菌類や原生動物になります。

●ホタル

生物の分類学上、発光生物がいる種を確認しましょう。発光生物は原核生物と真核生物におり、さらに植物界を除く4つの界に存在します。

なお、海綿動物が光ったという記録はありますが、現在、確認できないことから△としました。また、刺胞動物と有櫛動物は腔腸動物といわれた時期もありますが、現在、別の門として分類されています。

●発光生物の分類

<table>
<tr><th>ドメイン</th><th>界</th><th colspan="2">門</th><th>発光生物の有無</th></tr>
<tr><td>原核生物</td><td>モネラ界</td><td colspan="2">細菌(バクテリア)</td><td>○</td></tr>
<tr><td rowspan="19">真核生物</td><td>菌界</td><td colspan="2">キノコ</td><td>○</td></tr>
<tr><td rowspan="2">植物界</td><td colspan="2">シダ植物</td><td>×</td></tr>
<tr><td colspan="2">種子植物</td><td>×</td></tr>
<tr><td>原生動物界</td><td colspan="2">渦鞭毛虫</td><td>○</td></tr>
<tr><td rowspan="15">動物界</td><td colspan="2">海綿動物</td><td>△(現在は未確認)</td></tr>
<tr><td colspan="2">刺胞動物</td><td>○</td></tr>
<tr><td colspan="2">有櫛動物</td><td>○</td></tr>
<tr><td colspan="2">紐型動物</td><td>○</td></tr>
<tr><td colspan="2">環形動物</td><td>○</td></tr>
<tr><td colspan="2">軟体動物</td><td>○</td></tr>
<tr><td colspan="2">節足動物</td><td>○</td></tr>
<tr><td colspan="2">棘皮動物</td><td>○</td></tr>
<tr><td colspan="2">脊索動物</td><td>○</td></tr>
<tr><td rowspan="5">脊椎動物亜門</td><td>魚類</td><td>○</td></tr>
<tr><td>両生類</td><td>×</td></tr>
<tr><td>爬虫類</td><td>×</td></tr>
<tr><td>鳥類</td><td>×</td></tr>
<tr><td>哺乳類</td><td>×</td></tr>
</table>

SECTION 02

発光細菌

どんな発光細菌(バクテリア)がいるのでしょうか?

主に海洋性のものが多く代表的なものはPhotobacterium属、Aliivibrio属、そして淡水でも生息可能なPhotorhabdus属です。さらに、種のレベルで代表的なものはAliivibrio fischeri (旧名 Vibrio fischeri)やPhotobacterium phosphoreumやPhotorhabdus luminescensです。

●発光細菌

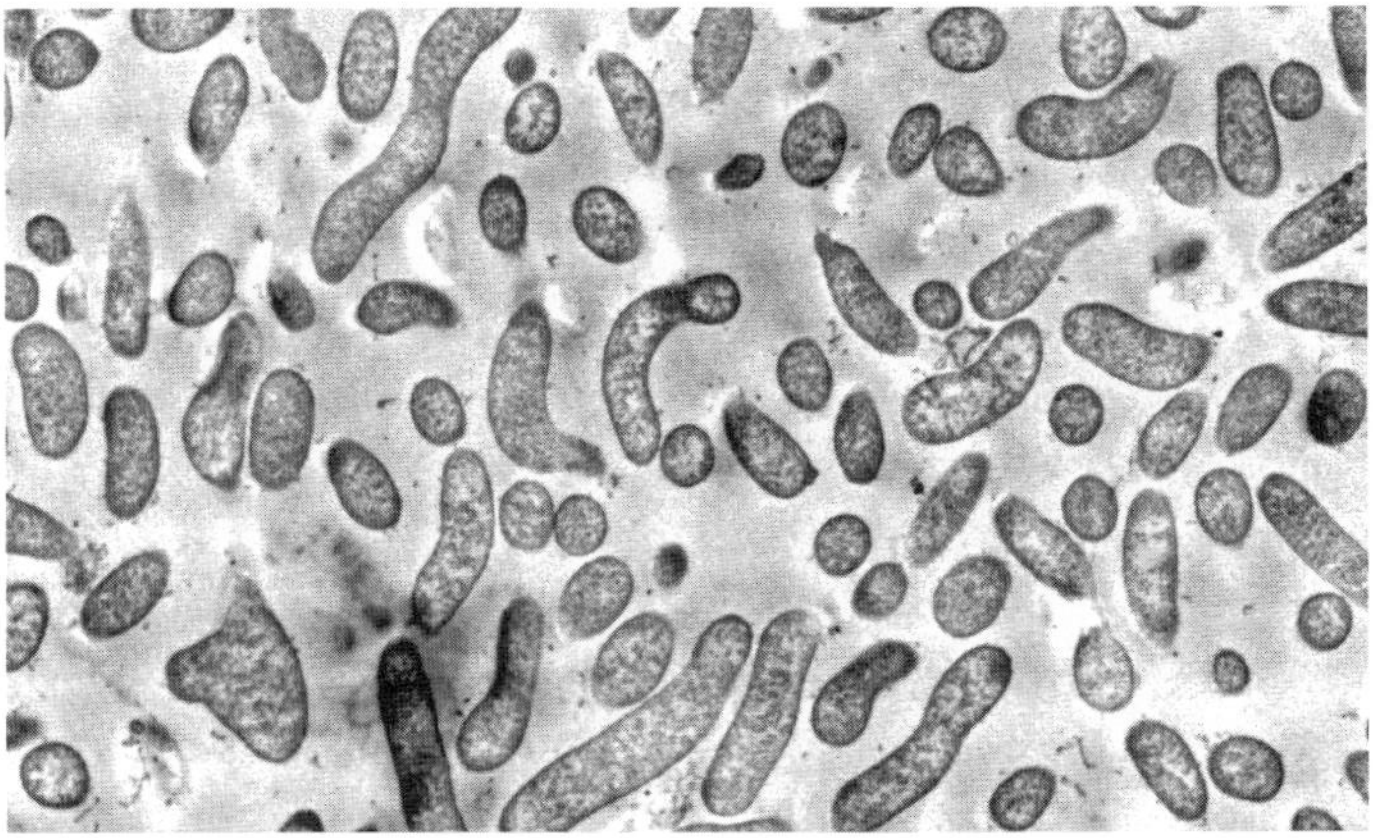

Aliivibrio sifiae Y1(旧名 Vibrio fischeri Y1)の電顕写真。
(提供:京都光科学研究所　柄谷肇)

発光細菌の生活様式は多様です。主な生活様式は次の3つです。

❶ **海水中に浮遊**

❷ **生きものに寄生**

❸ **魚やイカの発光器に共生**

また、発光細菌の発光色は青色、黄色、赤色と細菌によって異なります。第2章で説明しますが、基本は青色で、そこに色フィルターの役割をする蛍光タンパク質が働くことで色を変化させています。

✦どこにでもいる発光細菌

生魚やイカの切り身を暗い部屋に放置してしばらくすると光りだすことがあります。これは海水中に浮遊していた発光細菌が魚の皮などにわずかに付着しており、それらが増殖することにより発光が観察されたためです。つまり、発光細菌は海水中にどこにでもいて独立した生活をし、あるいは条件さえ合えば、適当に生きものに寄生するからです。

大量発生したプランクトンの死骸に海水中に浮遊する発光細菌が寄生し、大繁殖することがあります。記録によると人工衛星から観測されたインド洋上に大発生した光の帯はミルキーシー(Milky seas)と呼ばれるもので、この時は250㎞にも及んだとあります。

また、面白い例に発光しない魚の排せつ物が光るという現象があります。海水中から工サと共に魚のお腹に入り込んだ発光細菌が増殖し、排せつ物として海水中に排出されたのです。水族館の暗い水槽に光るものを見つけたら、それは魚のウンチの中で増殖した発光細菌かもしれません。

海水中だけでない発光細菌の寄生

古い記録ですが、1920年代の長野県の諏訪湖や千葉県佐倉地方の水路に光るエビが発生したとの記録があり、ホタルエビと名付けられていました。

一般に発光細菌の増殖には海水の塩濃度が必要とされていますが、淡水にも比較的増殖できる種や徐々に淡水に慣れた変異種の細菌がエビに寄生して発光したと考えられています。

似たような現象で光るはずのない昆虫が光ったという記録もあります。これらは「光り病」ともいわれ栄養が豊かな場所に寄生した発光細菌が増殖し光ったと考えられています。

✦ウイン・ウインの共生関係

ヒカリキンメダイ、マツカサウオやダンゴイカなどは特別な器官として発光細菌に住居を提供しています。チョウチンアンコウならアンテナの先に、マツカサウオならあごの部分、ヒカリキンメダイなら目の下に発光器を持ち、発光細菌が共生しています。また消化器の近くに発光器を持つヒカリイシモチなどもいます。

共生関係は厳密に決められており、1つの種の発光細菌しか共生できません。共生関係を作ることで、発光細菌は安定して生存できる場所を得ることが、発光魚たちは光を利用して、エサになる生き物を集めることができると考えられています。共生関係とはウイン・ウインな関係なのです。

ダンゴイカの共生が明かした細菌のスゴイ仕組み

ダンゴイカと発光細菌の関係を研究していた研究者は面白いことに気付きました。それは、発光細菌は一定数に達しない限り発光しないということです。では、どうして発光細菌は自分の仲間が増えたことを感知できるのでしょうか？　答えは、クオラムセンシング（集団感知）機能が細菌にあるからです。

発光細菌は「自分がここにいます」というシグナル分子を発信し、そのシグナル分子を互いに感知することで、光るタイミングを決めていました。つまり、相手が認識できる量の光を発しない限り光る必要がないとわかっているからです。

この仕組みは光らない多くの細菌も持っています。この発見があって、病原菌が培養当初、なぜ毒素を生産しないかの理由が解明できたのです。つまり病原菌は相手に有効な量の毒素を作ることができるかどうかをクオラムセンシングで判断しているのです。

✦発光細菌は誰でも培養可能!?

発光細菌は海水中ならどこにでもいます。よって、海水を寒天培地にまけば、コロニーを形成し光を発します。寒天培地にはいくつかの栄養素も必要ですが、それ以上に塩濃度が重要です。通常、海水に近い3%程度が望ましいです。

形成したコロニーを寒天の入っていない液体培地中で培養することができますが、その際、塩濃度を変えることで発光量が変化します。手軽に培養可能な発光細菌は土壌検査などで役に立っています（第5章で紹介）。

●プレート上で増殖したPhotobacterium phosphoreumの発光

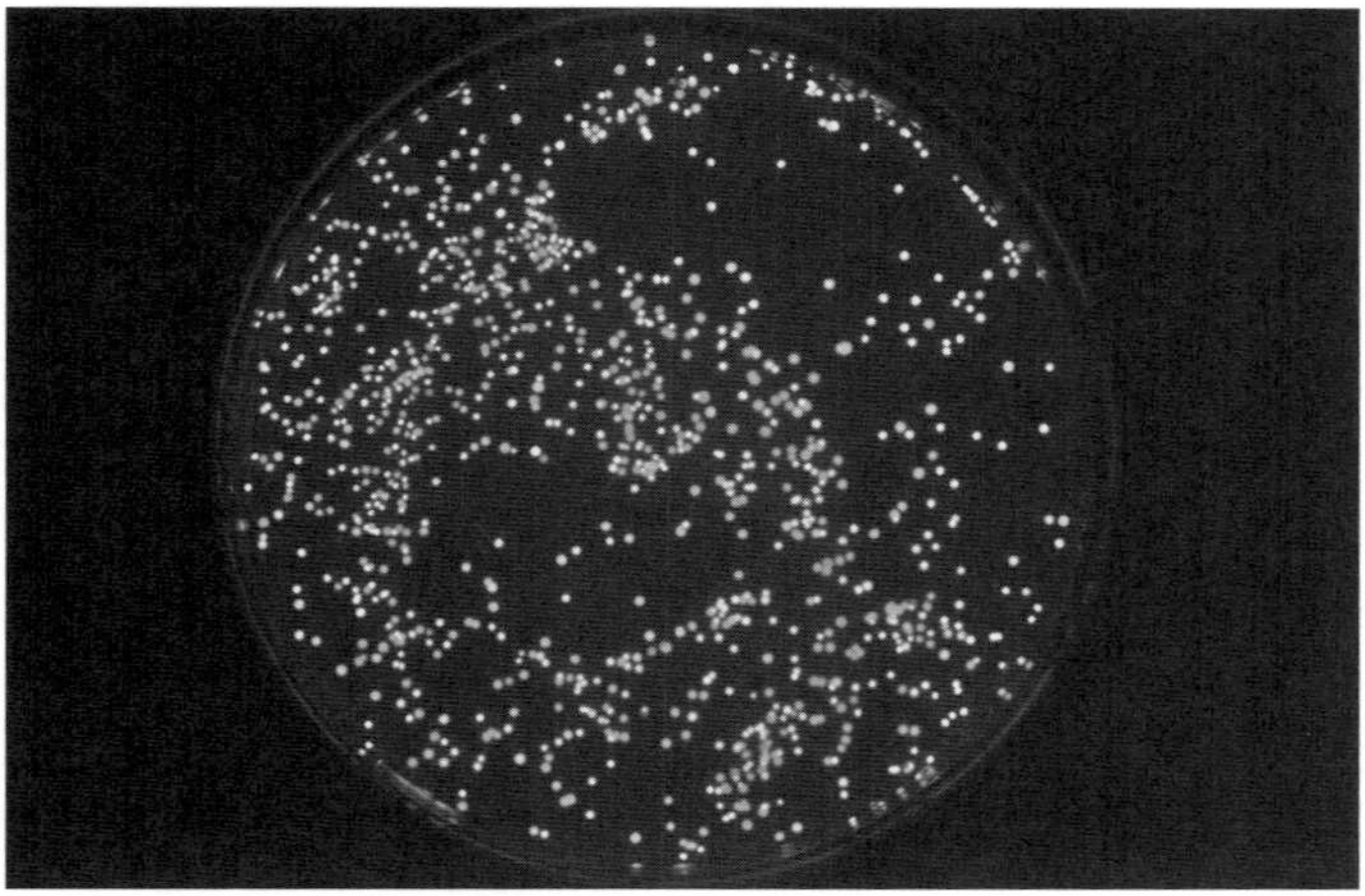

（提供：京都光科学研究所　柄谷肇）

SECTION 03

意外と身近な発光キノコ類

発光キノコは担子菌類に属するLampteromyces属、Mycena属、Pleurotus属などです。よく見れば日本の野山には多くの発光キノコがいます。たとえば、江戸時代の「加越能三州奇談」では、提灯の代わりに明るいツキヨダケを持って夜道を歩いたとあります。そんな日本の光るキノコの話をしましょう。なお、ヒカリゴケが光っていると思っている方がいるかもしれませんが、これは洞窟の中に紛れ込んだ光に反射して光っているように見えたもので、発光生物ではありません。

大型の発光キノコ、ツキヨダケ

Lampteromyces属のツキヨダケは、日本の代表的な原生林を構成する落葉樹のブナ林の朽木や樹幹に自生しています。傘の長径が15㎝に達するものがあるほどの大型のキノコです。キノコは傘、ヒダ、茎、菌糸、胞子が発光しますが、ツキヨダケは傘の裏側のヒダ部分から青白い光を放っています。また、胞子を水にぬらすと光ることも知られています。

当初、日本の固有種と思われていましたが、朝鮮半島でも見られるそうです。なお、シイタケの近くに自生することから間違って採取することがありますが、毒キノコですので、要注意です。

✦小さいキノコが織りなす光の森

日本に多く自生する発光キノコとして有名なシロヒカリダケ、ヤコウダケやシ

●ブナ林のツキヨダケ

（提供：宮武健仁）

イノトモシビダケは、Mycena属の仲間です。主に傘の直径が1㎝、茎も1㎝程の小型のものですが、目立つ緑色の光で森の中を彩っています。特にヤコウダケはグリーンペペとの愛称もあり、関東以西から東南アジア、オセアニアを含む広い範囲に自生します。小笠原諸島や八丈島ではナイトツアーも行われるほどです。オーストラリアのケアンズ近くの森のグリーンペペの光は見事でした。

●シイノトモシビダケ

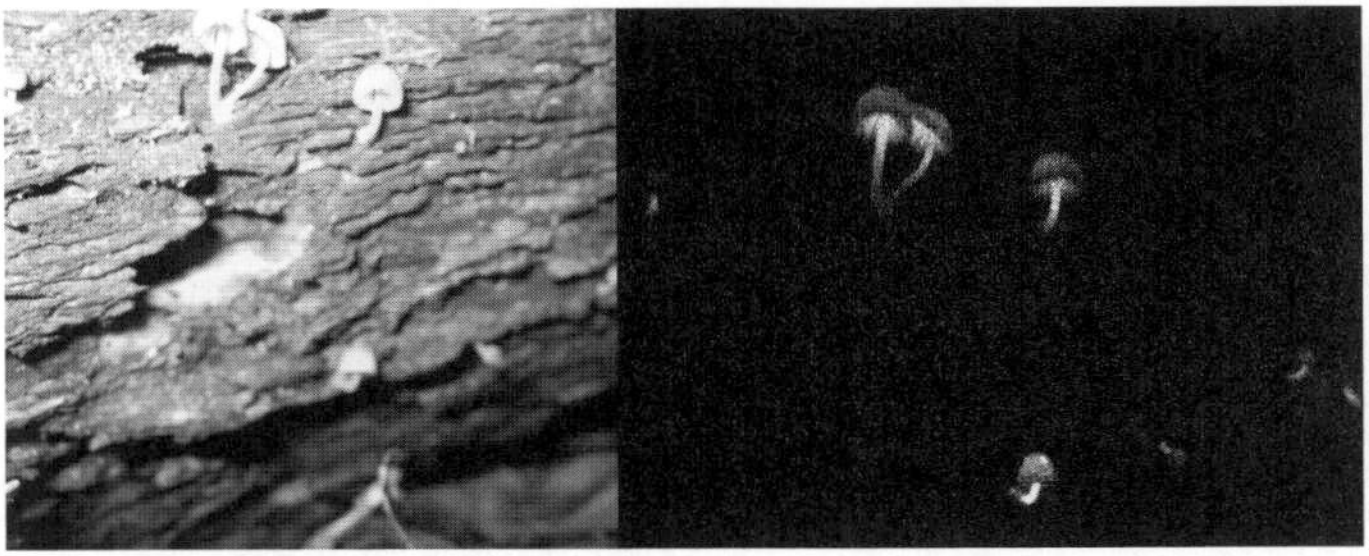

（提供：産業技術総合研究所　丹羽一樹）

SECTION 04

渦鞭毛虫目の発光生物は2種類

原生動物とは生態が動物的な単細胞生物を指しますが、発光する原生動物の1つオビムシを含めて光合成を行う種が多いです。ただし動物的な動きができるので、明らかに植物とは違います。

渦鞭毛藻綱には光合成を行うペリディニウム目(Peridiniales)、ゴニオラクス目(Gonyaulacales)や全く光合成ができないヤコウチュウ目(Noctilucales)などがあります。ヤコウチュウは赤潮の原因の1つともいわれ、よく研究されている生物です。渦鞭毛虫目の発光生物に関しては第3章で詳しく紹介します。

SECTION 05

光るクラゲたちは刺胞動物

下村脩はオワンクラゲの中から緑色蛍光タンパク質を発見したことから2008年のノーベル化学賞を受賞しました。光るクラゲはヒドロ虫綱に属するオワンクラゲ科や鉢虫綱に属するオキクラゲ科です。また、刺胞動物の中にはウミサボテンなど、花虫綱に属するウミエラ目ウミサボテン科のものの中に発光生物がいます。

オワンクラゲの大発生

アメリカ合衆国ワシントン州サンホアン島フライデーハーバーには毎年、オワンクラゲの一種、Aequorea属のクラゲが大発生しました。1960年代、下村脩はここを訪れてクラゲを採取しました。数年の間に、その数は85万匹に達したそうです。オワンクラゲはオワンのふちの部分が緑色に光ります。第2章で紹介しますが、青色に発光する仕組みと、緑色蛍光タンパク質による青色光を受けて緑色に蛍光を出す仕組みを持っています。長時間観察したことがありますが、自然に発光することは無く、触ったりして刺激を与えると光ります。オワンクラゲは日本近海にも生息しています。山形県鶴岡市の加茂水族館などで観ることができます。

✦夜間に大活躍の光、ウミサボテン

ウミサボテンは日本沿岸部に生息し、水族館によく展示されています。昼間は砂泥底に15㎝ほど埋まり、海中に出ているのは15㎝程度ですが、夜間に倍以上に伸びます。ウミサボテンにはポリプ(触手)と呼ばれる花弁のような組織があり、エサになる微生物や有機物をからめとっています。この花弁のような組織は敏感でちょっとした刺激にも応答して光を発します。発光は緑色ですが、オワンクラゲと同じように発光する仕組みと蛍光を出す仕組みを持ち、緑色に発光します。

SECTION 06

ゴカイもミミズも環形動物

環形動物には多毛綱のオヨギゴカイ科、シリス科、ツバサゴカイ科、フサゴカイ科などに属する発光ゴカイがいます。また、貧毛綱にはフトミミズ科などの光るミミズがいます。日本沿岸部には多くの光るゴカイが生息しています。シリス科の発光ゴカイは富山県の魚津市内の海岸で採取でき、我々は20年近くにわたり研究を続けてきていますので、第3章で詳しく説明します。

✦ゴカイといっても随分違う

シリス科のゴカイは大きくてもせいぜい2、3㎝であるのに対して、ツバサゴカイは大きい個体では80㎝にも達します。日本沿岸にも生息しており、膜で上手に環を形成しU字状に砂泥地に入り込んでいるのが特徴です。体は3分の1サイズの頭部、触手の基部、突起となり、刺激を与えると青緑色に発光します。また、フサゴカイも日本沿岸でみられる種で、頭部は小さいですが、そこに数㎝の糸状の房があり、触れると青藍色発光します。

ミミズも多様、ホタルミミズは冬の発光生物

ニュージーランド北島の公園を掘り起こしたら、15㎝を越える巨大発光ミミズOctochaetus multipoursを採取したことがあります。このミミズに少し強く刺激すると黄色く強く発光する粘液を口やお尻から分泌します。一方、日本には体長4㎝程度の小型の発光ミミズMicroscolex phosphoreum、通称ホタルミミズがいます。秋から冬にかけて、本州の各地で下水の側溝や畑のふちで発見できます。

SECTION 07

発光する軟体動物はホタルイカ以外にもたくさん!

軟体動物の発光生物には斧足綱に属する発光カモメガイ(フォラスPholas)、腹足綱異鰓上目に属する発光カサガイ(ラチアLatia)や発光カタツムリ、腹足綱裸鰓目ヒカリウミウシ(Plocamopherus)、頭足綱ツツイカ目ホタルイカなどです。発光色は青色から青緑色のものが多いですが、体外に発光液を分泌するフォラスやラチアもいれば、体内で光を発するホタルイカやヒカリウミウシと発光は多様です。なお、第3章でラチアとホタルイカを詳しく説明します。

食べられていた発光貝フォラス

イタリアに面白い記録が残っていました。発光貝フォラスを食べた人の口からポタポタと光る液がでたという記録です。地中海のフォラスが光る液を分泌することはアリストテレスの時代から知られていました。また、この光を長時間保つ努力も続けられていました。穀物の粉と一緒にしてペーストを作るとか、ハチミツの中に加えると光は1年以上続いたとか、とにかく、このフォラスの光は人々を楽しましていたようです。しかし、日本にもカモメガイはいますが、これは光の液を出さないようです。

✦光っても光らなくても美しい　ウミウシ

ウミウシには貝殻はありませんが貝の仲間です。世界各地の沿岸部の浅瀬に生息し、比較的良く観察できます。体表の色が特徴的で黄、赤、青、白、黒色に半透明なものまで、その模様も多彩で多くの種の姿が図鑑に収められています。

代表的な光るものとして、数㎝程度の小

●ヒカリウミウシ

(提供:小江克典)

型のエダウミウシは棘のような樹状突起物が刺激によって発光します。また、ヒカリウミウシは水深10ｍほどの底の岩を悠々と泳いでいる姿が観察できますが、刺激を受けた時に体表のコブが発光します。体長10㎝を越える大型のハナデンシャは主に太平洋側の浅瀬に生息しますが、刺激すると強く光ります。

マレー半島の光るカタツムリ

マレー半島内の公園の芝生やゴム園内の地面にこのカタツムリは生息します。世界で最初に発見した記録は日本軍がシンガポールを占領しラッフルズ博物館が昭南博物館と呼ばれていたころのことです。第４章でも紹介する羽根田弥太が調べたところ、発光器は腹足中にある長楕円形の大きな組織からできていました。

カタツムリは自然の状態で体を殻から腹側を伸ばして這って行く時に青白い光が点滅します。面白いことに卵は連続的に光るのですが、殻の直径が大きくなると発光しなくなるそうです。

SECTION 08

発光生物の宝庫、節足動物

節足動物は動物界において最大の多様性を示し、現存種は全種の85％を占める110万種を超えるものと分類されています。

その中でも発光種が存在するのは甲殻類の介形目や橈脚目、軟甲綱真軟甲亜綱のオキアミ目や十脚目、多足類（多足亜門）の唇脚綱や倍脚綱、六脚亜門のトビムシ目、双翅目や鞘翅目などです。

介形目のウミホタル、鞘翅目のホタル科の発光生物については第3章で詳細に紹介します。それ以外の発光する節足動物を紹介しましょう。

食物連鎖、発光生物のかなめコペポーダ

橈脚類に属するコペポーダは体長が0・3㎜から大きいものでも4㎜程度の小型の

生きもので動物プランクトン浮遊性生物です。

日本列島の沿岸でもよく見られ多くの種が存在し地球上で最も個体数が多い生物とも言われています。また、その生物量も最大で、しかも食べやすい大きさであることから海洋生物の格好のエサになっています。そのため、しばしば食物連鎖のかなめと言われています。

コペポーダの中で発光する種はいくつあるのかは、はっきりしていません。しかし、発光クラゲ、ウミサボテンや発光エビなどと同じ発光色、発光物質を持っていることから、発光の鍵となる発光物質が食物連鎖を通じてコペポーダからそれらの発光生物に伝わった可能性があります。よって、発光するコペポーダは海洋発光生物のかなめでもあります。

発光性渦鞭毛藻と発光オキアミの関係

軟甲綱真軟甲亜綱のオキアミ目のオキアミは大きくとも体長が2㎝ほどです。すべての種が発光するかは不明ですが、日本沿岸にも生息し、例えば、富山湾では発光するツノナシオキアミが時々採取されます。

渦鞭毛藻類やコペポーダを食しますが、イカや魚のエサになっています。比較的深い層に住んでいますが、エサを求めて浮上します。青色の発光色を示しますが、発光物質は渦鞭毛藻類に類似することから、食物連鎖で発光の仕組みを手に入れていると考えられています。

✦ エビの発光戦略

軟甲綱真軟甲亜綱の十脚目のヒオドシエビは5㎝程度の大きさで、昼間は中深海域にいますが、夜間に海面に向かい浮上します。世界中の海に生息しますが、日本沿岸では駿河湾で行われるサクラエビ漁の時に同時に採取されることがあります。外敵に襲われた時など、青色の発光液を放出し、姿を消します。

発光物質は、クラゲやコペポーダと同じであり、食物連鎖で獲得したのかもしれません。

●ヒオドシエビルシフェラーゼの発光

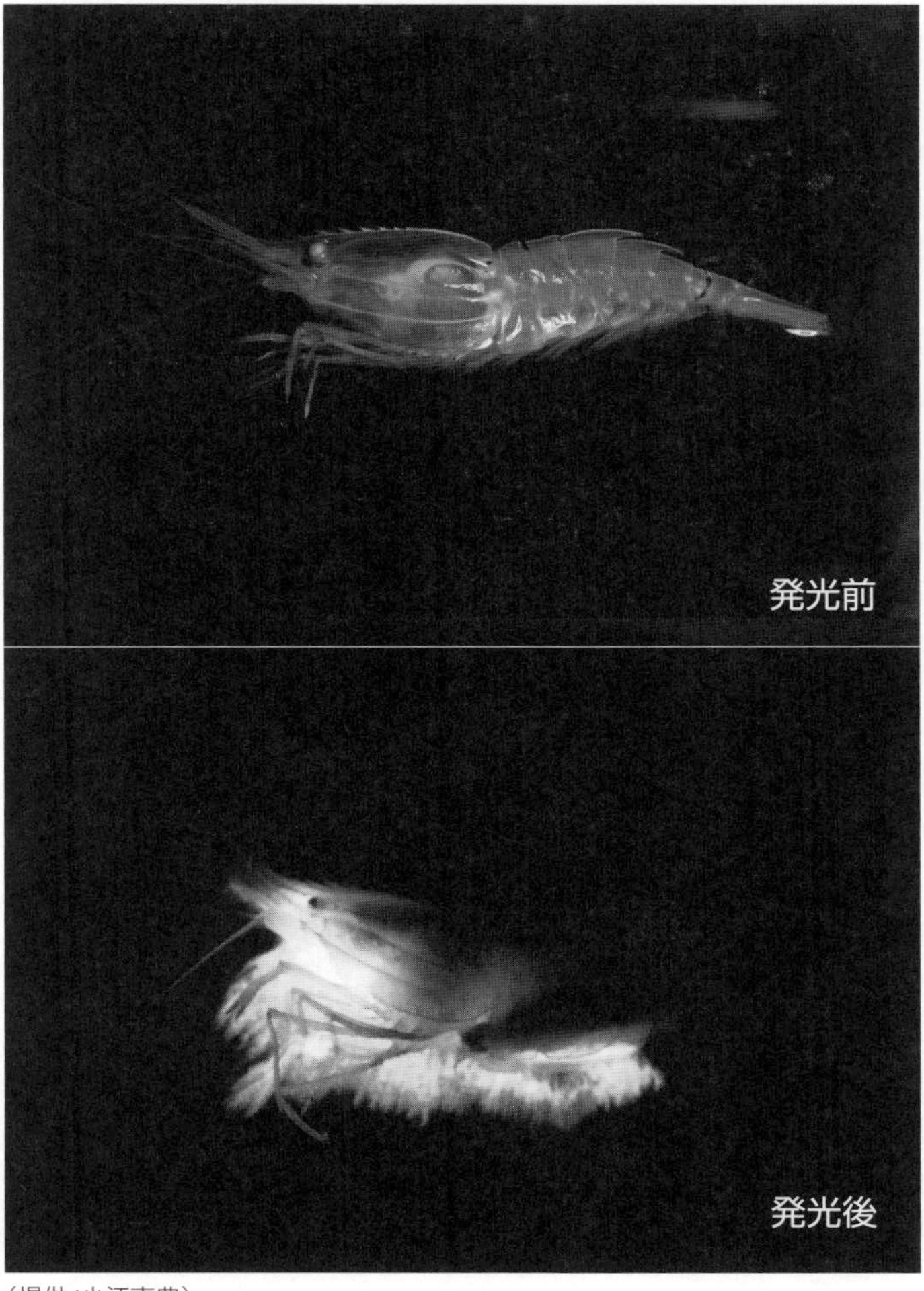

(提供:小江克典)

✦発光するヤスデやムカデ

唇脚綱に属する多足類のムカデや倍脚綱のヤスデの中には発光するものがいますが、そんなに多くの種ではありません。発光ムカデは体長5～6㎝に達します。熱帯アジアに広く分布しているようですが、日本では沖縄県の民家などで時折、発光ムカデが見つかったという記録があります。刺激によって青緑色した発光液を分泌します。

一方、発光するヤスデの記録は少なく、国内での発見例は知られていません。カリフォルニアで発見されたものは体長4㎝もあり、青い光を放っていたと記録されています。

✦ツチボタルといわれるがハエの仲間

ニュージーランドとオーストラリア東部の洞窟や谷間にはツチボタル(グローワーム)と言われる双翅目キノコバエ科のアラキノカンパがいます。イトミミズのような幼虫の発光が特に有名で、洞窟内や谷間の崖のくぼみに粘液状の糸を垂らし、その糸の根元の部分に生息します。

大きいもので2㎝ほどの幼虫のお尻の部分に青い光を点灯します。点滅することはなく、数10分間にわたり光り続けますが、何百、何千と集団で発光することから、その光景は極めて美しいです。

この光を目指して飛んできた獲物を粘液でからめとってエサにしているのでしょう。

●ツチボタルが粘液状の糸の中で発光

SECTION 09

世界の海洋にいる発光する動物

棘皮動物で発光するものはクモヒトデ綱ハナビラクモヒトデ目が中心です。クモヒトデは普通のヒトデとは違い、中心部の円形な組織から5本の長い腕が伸びた姿をしています。種によって大きさが異なっており、小さい種は数㎝、大きいものは10㎝以上に達します。世界中に生息し、日本でも沿岸部で採取できますが、発光する種はトラノオクモヒトデ科やスナクモヒトデ科などのものです。

発光クモヒトデの世界的な権威で友人でもあるベルギーのメルフェット教授によれば、全体の種の中の15～20％が発光種と予想されているそうです。クモヒトデの発光色は青色と青緑色に大別されますが、物質的な背景は不明です。

発光の明滅パターンが多様で、同心円状にあるいは波状にパターンを変えることができます。襲われたときには、光のパターンを変化させ、最後は腕の先端のみを発光させ、発光した部分を自切して、それをダミーにして逃げることもあります。

●クモヒトデ(Ophioplinthaca rudis)の発光

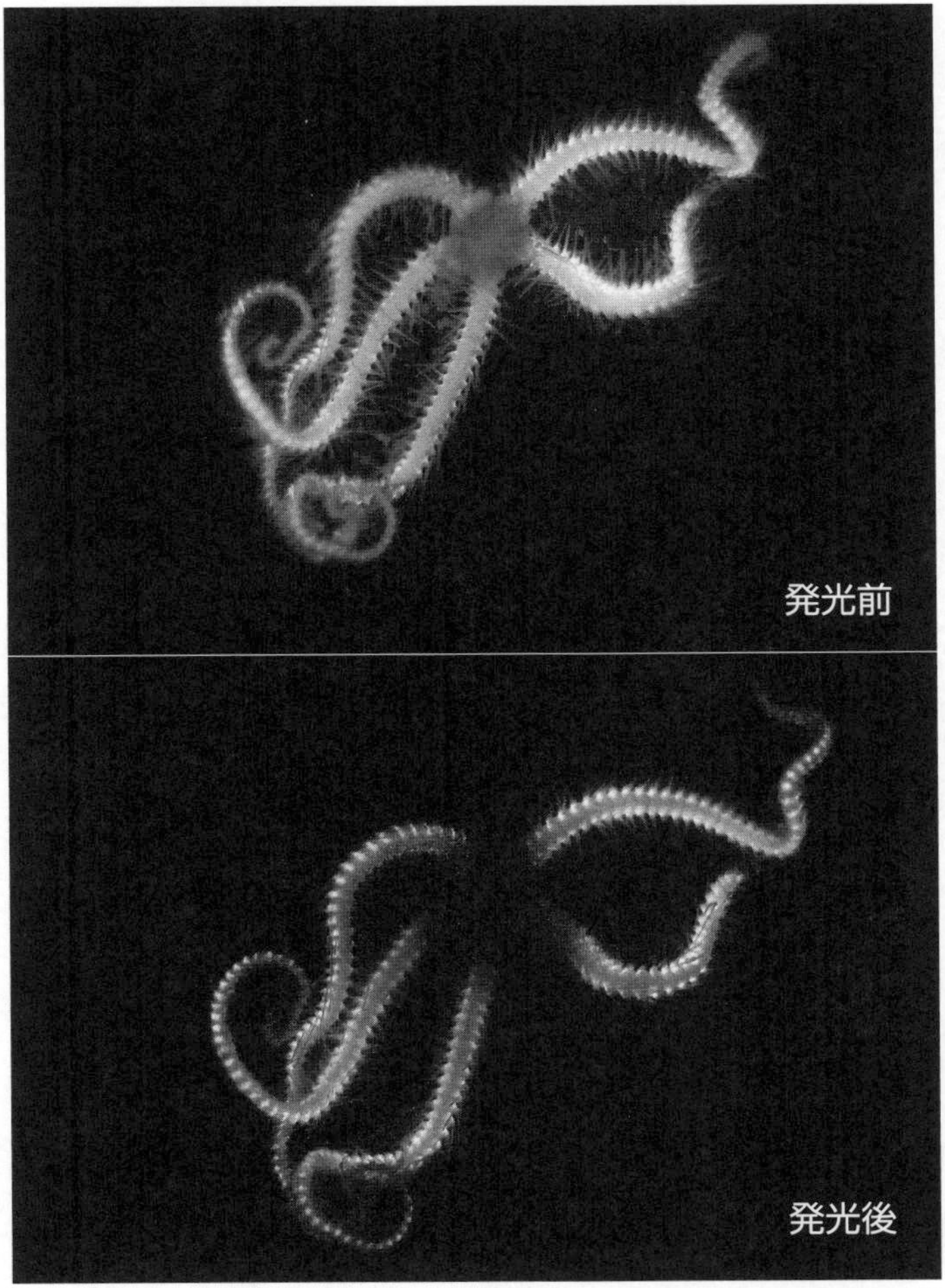

(提供:ベルギールーヴァン・カトリック大学ジェローム・メルフェットJérôme Mallefet)

✦セキツイ動物の祖先の原索動物にも発光するものがいる

脊索動物で発光する代表的な生きものは尾索動物亜門のヒカリボヤ科ヒカリボヤでしょう。ヒカリボヤは食用のホヤのような形、大きさではなく、一個体は４～５㎜程度の小さいものが群体をなしています。この群体は多くは10㎝程度か、時には１ｍほどのものもあります。

個体は小さい円筒であり、円筒上部の輪のように見える部分が１つずつ緑色に発光し、そしてその円筒が規則正しく並んで中空同筒状の光る群体を作っています。この群体は水面から水深２００ｍくらいを漂い、エサを確保しているようです。刺激によって光を発しますが、生態を含めてわからないことばかりです。

SECTION 10

自前か？ 共生か？ 発光魚類の世界

発光する魚は自前のシステムで発光するものと発光バクテリアと共生して発光するものの2つに大別されます。また、魚類は軟骨魚綱と硬骨魚綱に大きく分類されますが、両方に発光する種がいます。これまで発光する生物を見てきましたが、発光する生物は少数派です。魚類でも同様に、同じ科に属していても光るものは少数派です。

発光するサメ

軟骨魚綱ツノザメ目カラスザメ科のカラスザメ、フジクジラ、カスミザメなどの仲間が発光します。これらの発光サメは大きくても40～50㎝の小型のサメで水深数百mに生息しています。お腹の暗い皮膚に発光組織があり、青色の光を発しています。人間の目で10分ほど、暗順応させないと見えないほどの暗い光ですが、皮膚から発する光の量は生息深度にあった量に調整され、自分の影を消しているのだろうと考えられています。ただし生殖器の部分がより明るいことから交尾に使われているのかもしれません。皮膚から発光細菌が培養されないことから自前の発光と考えられています。

✦共生発光細胞がエサの獲得に活用⁉

キンメダイ目のヒカリキンメダイやマツカサウオは代表的な発光細菌が共生した発光魚で、水族館にもよく展示されています。ヒカリキンメダイは体長30㎝の比較的大型の発光魚で、目の下の部分に大きな発光器を持っています。この発光器の表面は発光

●発光サメの発光

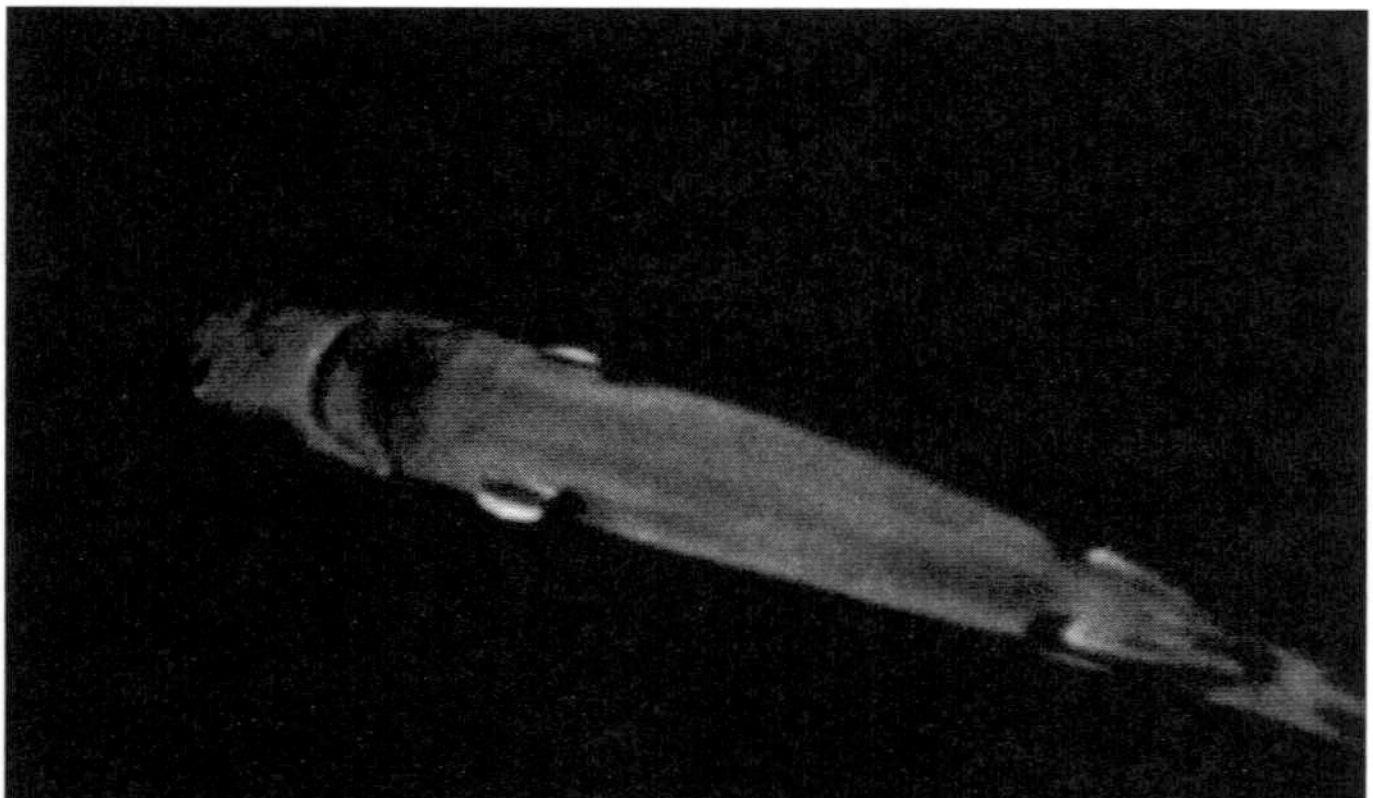

バクテリアの光を通し、裏面は光を通さない黒い膜で覆われています。よって、発光器を回転させて、光りを消したり、点けたりと自由に操ります。

一方、マツカサウオは10～15㎝ほどの体長で全体の姿が「松ぼっくり（松かさ）」のようなので、この名前が付いています。小さな発光器が下あごの先端にあります。どちらも光をエサの獲得に利用しているようです。

発光細菌が共生しているのはメスのチョウチンアンコウ

アンコウ目チョウチンアンコウ科のチョウチンアンコウのメスは大きな口の上の頭

●マツカサウオ

にチョウチンのような、アンテナのような突起物を持っていて、体長が120㎝になるものもいます。一方、オスは成熟しても小さくて、チョウチンのような突起物もなく、発光もしません。ただ、メスに寄り添い結合、精子を与える仕事をし、最終的にはメスの身体に同化します。

提灯にあたる突起の先の部分が青白く光っていて、ここに発光細菌が共生していま す。また、刺激したところ青白い発光粘液を噴出したとの記録もありますが、発光細菌を噴出したのかもしれません。光をエサの獲得に利用しているようです。

✦自前の発光システムを持つキンメモドキ

ハタンポ科キンメモドキは体長4~5㎝ほどの小さな魚で集団を形成して暮らしています。昼間はサンゴ礁や岩陰に身をひそめ、夜間に活動します。よって、光は仲間を識別するためのものかもしれません。

面白いことにウミホタルの発光物質と同じものを用いて光っています。発光器は消化管に連結する胸部と肛門付近にあり、おそらくエサとして得たウミホタルの発光の仕組みを利用しているのでしょう。しかしながら、消化管からどのような経路をたどり発光物質が発光器で蓄えられるかなど、不明な点が多いです。

✦たくさんの発光魚がいるが、よくわかっていないものも多い

海では表層に比べて深海に多くの発光する生物が住んでいます。これまで紹介した以外にもニシン目ヨコエソ科やハダカイワシ目ハダカイワシ科の魚の中にはキンメモドキと同様に自らの仕組みで自力発光するものがいます。これら自力発光のものは発光物質をウミホタル等から得ている可能性が高いと考えられています。

一方、スズキ目ヒイラギ科やタラ目ソコダラ科の魚の中にはヒカリキンメダイのように発光細菌が共生している魚も多いです。この場合、共生する発光細菌と魚は1対1の関係があるとされ、親から子に垂直伝播されている可能性が示唆されています。しかしながら、発光現象の直接観察などが深海域のため難しく、十分に研究が進んでいないのが現状です。

SECTION 11

生物発光とは光る生き物、その役割は何？

発光生物は少数派ですが、発光細菌から発光魚まで特徴があるもの、研究が進んでいるものについて説明してきました。その中で、光がどのように活用されているかも簡単に説明しました。ここでは、それらをまとめて、発光生物における光の役割、活用法について、生物学的な意義を説明しましょう。

発光生物における発光の役割を考える前に、どうして光り始めたのか？　なぜ、少数の生物種だけが光り始めたのか、進化的な側面を含めて考えてみましょう。そこでキーワードになるのが、スカベンジャーです。スカベンジャーが発光の始まりと考える説です。

発光細菌が生まれた環境

原始の地球には酸素がありませんでした。そのため、地球上に生まれた初期の細菌は嫌気性といって、酸素を嫌う生物でした。特に酸素はサビの原因でもあり、いろいろな物質と容易に化学反応する性質を持っています。当初、酸素は危険なもの、特に活性酸素と言われるものは生体内の物質と結びつき身体の中のサビとなり、危険なものでした。そこで、生命体にとって危険な活性酸素を消す仕組みが必要になったと考えられています。そんな環境に置かれた生物が発光という生理現象を獲得し、発光生物になったのではないでしょうか？

スカベンジャーとは？

スカベンジャーとは「密輸品の取締役」というのが本来の意味だそうです。つまり、危険なものを取り締まる役人を指しています。スカベンジャー説とは生物にとって危険な活性酸素を除く仕組みという意味になります。つまり、光る仕組みが危険な酸素を除くために生まれたという説です。

第2章で説明しますが、面白いことに光の素になる物質は、個々の発光生物で全く異なっています。まるで生物が有り合わせの材料を使ったように見えます。ただし共通点があります。それは、全ての物質が酸素と化学反応し、エネルギーを光に変え、酸素が水か二酸化炭素の安全な化合物に変わることです。

✦光の役割がわからない発光生物

発光細菌、渦鞭毛藻類、発光キノコの光は何に役立てているのでしょうか？　確かに発光細菌は魚などに共生することでウイン・ウインな関係を構築しているように思いますが、単体で海水中に浮遊する発光細菌も多いのが事実です。発光細菌が光を積極的に活用しているとは考えにくいです。

そんな発光生物の光り続ける理由として単に酸素を除去するために生まれた仕組みが、生命を維持するための生理現象の1つとして、進化の中で残された可能性があるということです。発光の生理現象がスカベンジャーとして生まれた説は可能性が高いですが、どうして残り続けたのかはわかりません。発光細菌、渦鞭毛藻類、発光キノコともに光る種は少数派だからです。

SECTION 12

光は発光生物の生存戦略

人間にとって声や動作は生きていくために重要な機能です。同様に発光生物たちにとって光は生き抜く上で重要な機能になっています。まさに生存戦略の1つです。活用法は大きく分けて、カウンターイルミネーション、光の煙幕、威嚇・警告、分身(ダミー)を残す、エサの捕獲・照明用、コミュニケーション・求愛、などに役にたっています。

姿を消すためのカウンターイルミネーション

カウンターイルミネーションはカウンターシェーディングとも言います。これは忍者でいう隠れ身の術です。忍者は闇夜に黒い服を着るのは自分の姿を闇に同化させるためです。では、海の中はどうなっているのでしょうか?

海に注ぎ込む太陽の光は水によって赤色の光から吸収され、海面からの水深およそ200mの中深海層では、水面に比べて100分の1程度の光の量になり、到達できる光は青色のみです。

そこで、例えば発光する魚やホタルイカは周りの光の強さに応じて、青色の光の量を調整しています。それによって、自分の影を消しています。影を消すことで、より深い場所にいる敵から襲われるリスクを減らしているのです。このように、光ることによって姿を消すことをカウンターイルミネーションといいます。

●カウンターイルミネーションで姿が見えなくなる

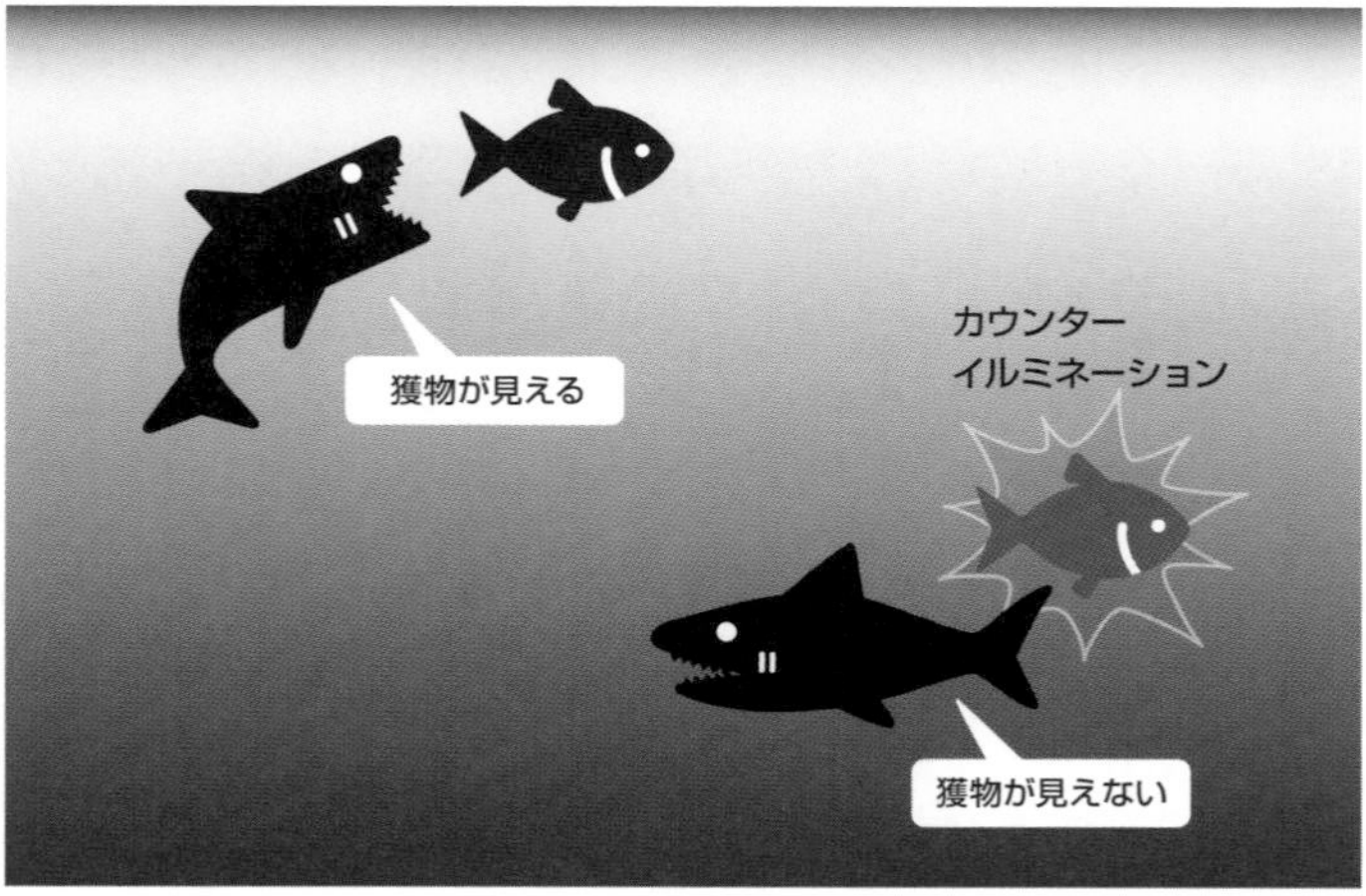

光の目くらまし、光の煙幕?

光る生きものではありませんが、イカやタコが襲われた時、スミを吐き出します。これによって相手の目くらましとなり、そのスミに自分の姿を隠します。これと同様なことをする発光生物の代表がウミホタルです。ウミホタルは敵に襲われた時、光の煙幕を吐き出し、自分の姿を光の中に隠します。発光液、発光粘液を吹き出す発光生物はいますが、ここまで派手に光を放出するのはウミホタルだけかもしれません。

光で相手を威嚇し、来るなと警告!

動物の鳴き声の中には相手を威嚇するものがあります。光もまた、相手を威嚇できます。人間も含めて光らない生物からみれば、暗闇の突然の光は何らかの警告・威嚇となります。ウミサボテンやクモヒトデは夜間に活発に活動しますが、魚などに触れられた瞬間に光を発します。特にクモヒトデは相手に対して多様な光のパターンを示し、相手に警告を与えています。

陸生の生物でも光を威嚇に使っているものがいます。その代表がブラジルの鉄道虫です。森の中で頭部の赤色光に相手は驚き、近づくなという威嚇のシグナルになるでしょう。同様に、イリオモテボタルのメスは複数の発光器の光を放ちながら抱卵し、相手に来るなと警告を発しています。

✦光で相手の目線を外す？

生物は相手をだますことで生き延びるという戦略を持っています。人間の行動の例えになりますが、私が被っている帽子を突然、どこかに投げれば、相手は帽子の行き先が気になるはずです。

発光貝ラチアは刺激が加わると光の玉の粘液を放出し川に流します。これは、相手の目線が光にひきつけられることで自分の身を守っているのかもしれません。また、クモヒトデは波状や同心円状の多様な光シグナルを発した後に、脚の先だけに光を点灯し、光った脚だけを自ら切り落とし（自切）ます。相手が光に注目している隙に、光を消して逃げだすのです。このように光は相手の目から逃れるためのダミーの役割を担っているのです。

✦陸にも海にもある光の疑似餌？

夜釣りの際、針の近くに光るケミカルライトをつけたことで太刀魚が面白いほど釣れたそうで、釣り具としてのケミカルライトが製品化されたのは日本が始まりです。また、夏の夜に街灯に虫が集まることもよく知られています。自然界には光に集まる習性の生物が多くいます。

一方、この習性を利用する発光生物がいます。その代表はチョウチンアンコウやマツカサウオでしょう。彼らの発光器は疑似餌の役割をしており、光に集まった生物は彼らのごちそうです。また、ツチボタル・アラキノカンパは彼らの光に引き寄せられた虫を、自らめぐらした粘液上の糸の巣で絡めとっているのです。光りはエサの獲得に利用されています。

✦ちょっとずるい光の照明

やはり暗い場所には光が必要です。前にも紹介しましたが、昔ツキヨダケが提灯の明かりの代わりに使われていたくらいですから、生物発光は立派な光源となります。ヒカリキンメダイは目の下の発光器をコントロールして光を消したり、点けたりして、夜間の照明として活用しているのでしょう。

面白い深海魚にドラゴンフィッシュがいます。この魚も目の下の部分に発光器があり、明かりとして活用しているようです。ただし、発光器にいるのは赤い光を出す発光細菌、そして目は赤色の光を

●ドラゴンフィッシュ（Idiacanthus atlanticus）

（提供：ベルギールーヴァン・カトリック大学ジェローム・メルフェットJérôme Mallefet）

感知できる能力を持っています。一般に深海魚の目には赤色の光は見えません。なぜなら、深海に届くわずかな光は青色の光だからです。このことを逆手にとっているのです。多くの深海生物が赤色の光が見えないことを利用して、この光を照明にエサを探しているのです。

コミュニケーションツールとして光を活用！

音の変化、人なら言葉、犬や猫なら鳴き声は立派なコミュニケーションツールであり、時には求愛に、時には集団行動の対応に活用されています。発光生物の光もまた、同様に求愛や集団行動に活用されています。その代表がホタルです。ホタルは種によって異なる発光色や発光パターン、あるいは光りだすタイミングを持っています。これは国ごとに言語が異なることや動物の鳴き声の違いと同様です。

ホタルは自らの種を光のコミュニケーションで見極め、求愛します。これによって近い場所に生息するほかの種のホタルとの交雑を防いでいるようです。しかし中には、北米産ホタルのメスのように、他の種のホタルの光のパターンを真似して、オスをおびき寄せ、何と食べてしまうものもいるそうです。一方、集団で回遊するキンメモドキは光を仲間の合図として集団を形成、一緒に回遊するそうです。

第1章では光る生物の全体像、そして、生物学的な光る意義について説明いたしました。次の章では、どのような仕組みで発光生物が光を発するのか、その光が最強であることを説明しましょう。

Chapter.2
生物発光の仕組み

SECTION 13

光を放つ実体は？

生物発光の仕組みの基本は生体内に起きる化学反応ということです。化学反応には、いくつかの種類はありますが、その中でも酸化反応です。ある化学物質Aが酸素と結合してAの酸化反応物ができるとともに二酸化炭素か水が生成します。つまり、下記が基本式です。

では、この仕組みを詳しく見てみましょう。

光は電磁波の一種ですので、時には波のように、時には粒子のようにふるまいます。生体が放つ生物発光で扱うのは、その中でも可視光といわれる領域です。また波長でいえば400〜700㎚（ナノメートル＝ミリメートルの百万分の一）前後、つまり紫色から赤色の光となります。

●酸化反応

$$A + O_2 \rightarrow A=O + CO_2 \text{ または } H_2O$$

はじめに、生物発光は化学反応の光です。では、いったい何が光っているのでしょうか？

✦光の実体とは

ものが光を発する現象はたくさんあります。光は世界中にあふれているといっても過言ではありません。光の実体として考えられているのは、「熱からの光」、「光からの光」、「電気、電子からの光」、「機械力からの光」、そして「化学反応からの光」です。光とは何か、考えてみましょう。

✦光といっても、生物発光は

光の色を表す時に使われるのが波長です。波長の単位は㎚であらわされ、放射エネルギーはeV（エレクトロンボルト）で測定されます。光の連続的な広がりを意味するのが光スペクトルであり、人間が見える可視光はエネルギーの高い紫色から藍、青、緑、黄、橙、赤色とエネルギーが低くなる順に変化します。波長でいうと400nm付近の紫色から650nm付近の赤色を可視光といいます。一方、400nm以下はエネルギーが高い紫外線光、650nm以上のエネルギーの低い光を近赤外線、赤外線光と呼びます。

太陽はすべてのスペクトルの電磁波を放っていますが、最もエネルギーの高い放射線は地球に到達する前に大気に吸収されます。地球にとってかけがえのないエネルギー源や光合成に役立つ光は可視光、特に黄色の光です。

なお、生物発光は生物の光受容体にもよりますが、基本は可視光です。よく紫外線を発する発光生物はいないかと聞かれますが、紫外線はDNA損傷などを起こしますので、生物には有害な光です。また、赤外線は熱を伴いますので、これも生物には有害であり、あえてこれらの波長の生物発光はないと考えられています。

✦いろいろな光る現象

「熱からの光」のもっともよい例は太陽光でしょう。太陽の光は、電球の光と同様に熱エネルギーが光エネルギーに変わったものです。これは黒体放射ともいわれるもので、高温ほど光強度が強くなります。ガスバーナーの燃焼による光が、電球の中のタングステンフィラメントの燃焼による光より強いのは温度が高いからです。

「光からの光」はフォトルミネッセンスともいわれ、光エネルギーで物質Aのエネルギー状態を励起して、別の波長の光を発生させることを指します。蛍光灯の光や蛍光ペンの有機色素などの光もこれにあたります。また、紫外線をあてると紫色の光を発生する蛍石（フローライト）は加熱しても機械的に力を加えても光を発します。

「電気、電子からの光」は気体の放電に伴うもので、ネオンサインや稲妻などで、電気が引き金となり、光を発します。例えば水銀ランプは封入された水銀のガスが放電による電気エネルギーによって励起され光を発しています。また、各種ランプに利用される発光ダイオード、ＴＶなどのディスプレイとなる有機、無機ＥＬもまた電流によって励起された色素が光を発しています。いわゆるエレクトロルミネセンスです。

「機械力からの光」は蛍石以外でも古くから石と石を強くこすり合わせたり、岩石を破砕したりした時に光を発する現象を指します。決して、頭と頭がぶつかって「目から火がでる」ということではありません。

✦「化学反応からの光」の1つが生物発光

アルコールランプの光を考えてみましょう。エチルアルコールは酸素と反応して熱と光を発生します。「熱からの光」のでる現象でもありますが、この反応自身は化学反応であり、エチルアルコールは酸素と反応して二酸化炭素と水ができます。これが酸化反応と呼ばれる反応です。つまり炎の光は燃焼によってOH、CHなどのラジカルといわれる不安定だが励起して高いエネルギーをもつ分子ができ、それらが基底状態に移るときに発光します。よって、化学反応の光と黒体放射の光が重なった光ではありますが、基本は化学反応です。ローソクの光や焚火の光も同じことです。生物発光もまた基本は酸素のかかわる化学反応です。よって、アルコールの光と同じく化学反応によって励起された分子が基底状態に移るときに光を発します。

✦化学発光、電気化学発光、そして生物発光、

コンサートなどで光っている棒状のライトスティックは化学発光と呼ばれるもの

で、生物発光とは違います。ルミノール誘導体、ロフィンやアクリジン誘導体などの有機分子が適当な条件下で化学反応が進行、中間体や酸化物が励起され、基底状態に移るときに光を発します。よって化学発光は化学反応による光です。酵素が関わることもありますが、あとで説明する量子収率など、生物発光とは明確に異なります。また、電気化学発光は電極間で起きる、例えば多環芳香族炭化水素の酸化還元反応に伴い作られる電子励起状態の分子が発光する現象です。

生物発光はある特定の生体分子が酸化に伴ってできた励起した生体分子酸化物を実体として生まれる光です。この特定の生体分子をルシフェリンといいます。

✦生物が発する微弱な光は生物発光ではない

あらゆる生物が生み出す可能性のある目に見えない程度の極微弱発光を生物フォトンといいます。後で説明する量子収率でいうとホタルの発光の1兆分の1程度になります。基本は化学反応であり、酵素反応の間接的な副反応として生み出される光です。つまり、生物フォトンは生体を構成する分子群の生体内部での代謝産物や脂質などの自然酸化反応によって生み出された励起状態の分子が基底状態に移る時に生み出される光です。未解明な部分も多いのですが、生体内の生理的な作用やその変化と結び付けられて議論されることもあります。

SECTION 14

生物発光の基本、ルシフェリンとは?

生物発光の基本はルシフェリン・ルシフェラーゼ反応と呼ばれる化学反応です。19世紀後半にフランス人デュボアによって発見されました。光を放っている実体はルシフェリンが酸化されたときにできる励起状態の酸化ルシフェリン（オキシルシフェリン）です。オキシルシフェリンが励起状態から基底状態に移るときに光を発します。

ルシフェリン・ルシフェラーゼの発見前夜

19世紀、世界の往来はますます盛んになりました。一方、科学も大きく前進した時代です。1826年ヴェーラーは無機物質から有機物質の尿素の合成に成功しました。生体分子が生体以外でも作れることを証明したのです。また、1833年パヤンとペルソによってデンプンの糖化反応を触媒するアミラーゼが発見され、酵素の存在が明らかになりました。

これらの結果を含めて種々の研究により、酵素が生体分子の化学反応を触媒することで、高温でなければ進行しない化学反応が体温レベルで進行する理由がわかったのです。19世紀の研究者たちは生体内の化学反応は酵素反応で進行することを理解していたのです。

✦ルシフェリン・ルシフェラーゼの発見

フランス人研究者のデュボアは西インド諸島で採取されたヒカリコメツキを入手しました。1885年、デュボアはヒ

●図2-1

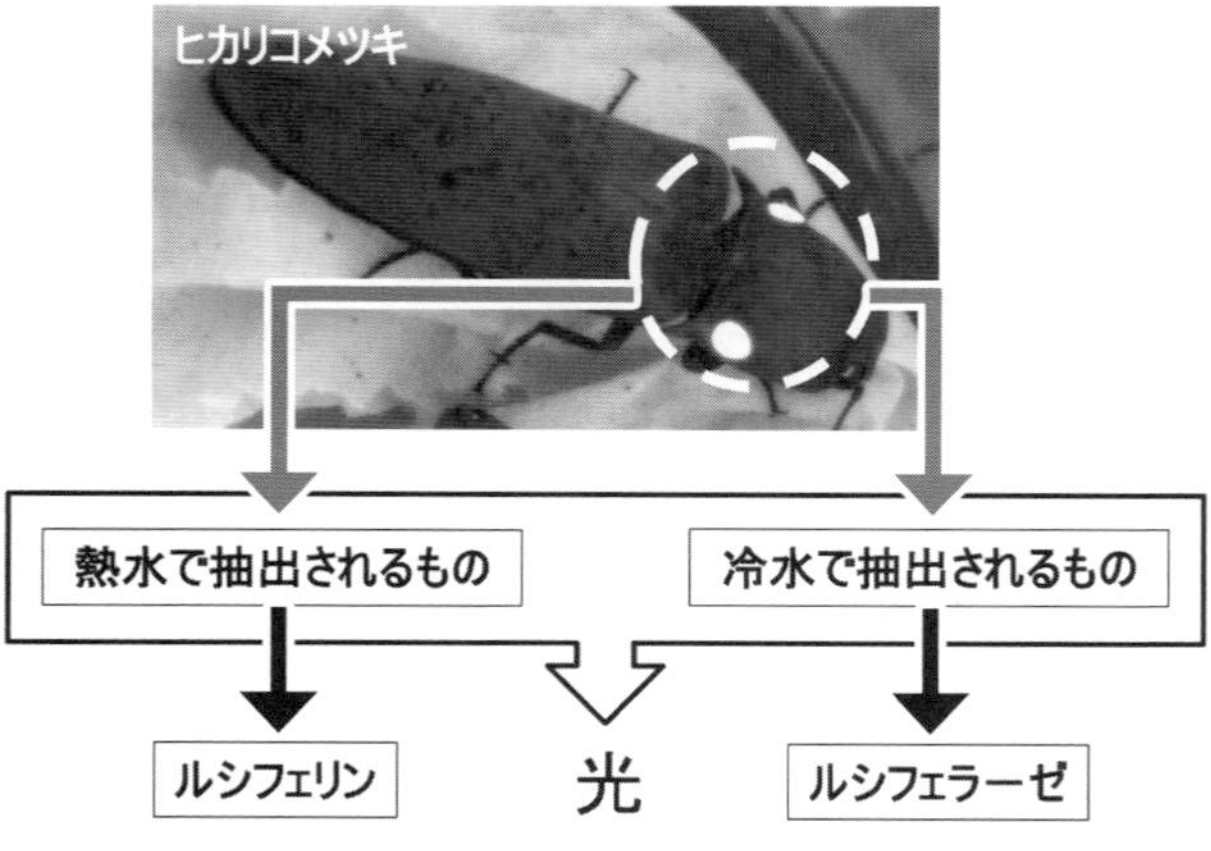

デュボアがヒカリコメツキから見つけたルシフェリン・ルシフェラーゼ反応。

カリコメツキを2つの溶液の中でつぶしました。1つは熱湯ですが、全く光りませんでした。もう1つは冷たい水ですが、しばらくの間は光っていましたが、時間の経過と共に光らなくなりました。そこで彼は2つの液を混ぜたらどうなるか試してみました。その結果、再び光りだすことを見出し、熱湯に弱い物質と熱湯にも水にも強い物質が発光を引き起こす酵素反応であることを発見しました(図2-1)。

ここで熱湯に弱い物質は酵素、そして熱湯にも水にも強い物質が生体分子であることに気づき、光に関わる酵素をルシフェラーゼ、生体分子を基質、ルシフェリンとしました。この名称の由来である「ルシファー」は天使から悪魔になった堕天使のことです。やはり、光るという現象に畏敬を込めたのかもしれません。あるいは「明けの明星」や「光を掲げるもの」の意をとらえたものかもしれません。

✦生物発光の基本原理は?

次ページの図2-2で説明しますが、化学反応によってルシフェリンが酸化されオキシルシフェリンとなります。励起されたオキシルシフェリンが基底状態に移るときに光を発します。では、ルシフェリンがルシフェリンであるための条件とは何でしょうか?

前に説明した生体が生み出す極微弱発光、生物フォトンは目に見えないのに、オキシルシフェリンの光が目に見えるのはなぜでしょう。ここでキーになるのは「光からの光」の中で説明した有機色素の蛍光性です。オキシルシフェリン自身が蛍光性を持っていることで、励起状態で生まれたエネルギーが効率よく蛍光体である自分自身を励起し強い光を出します(図2-2の(2))。ただし、生物発光の不思議さでオキシルシフェリンに蛍光性がない場合があります。その場合はオキシルシフェリンの励起状態のエネルギーは近傍にある蛍

●図2-2

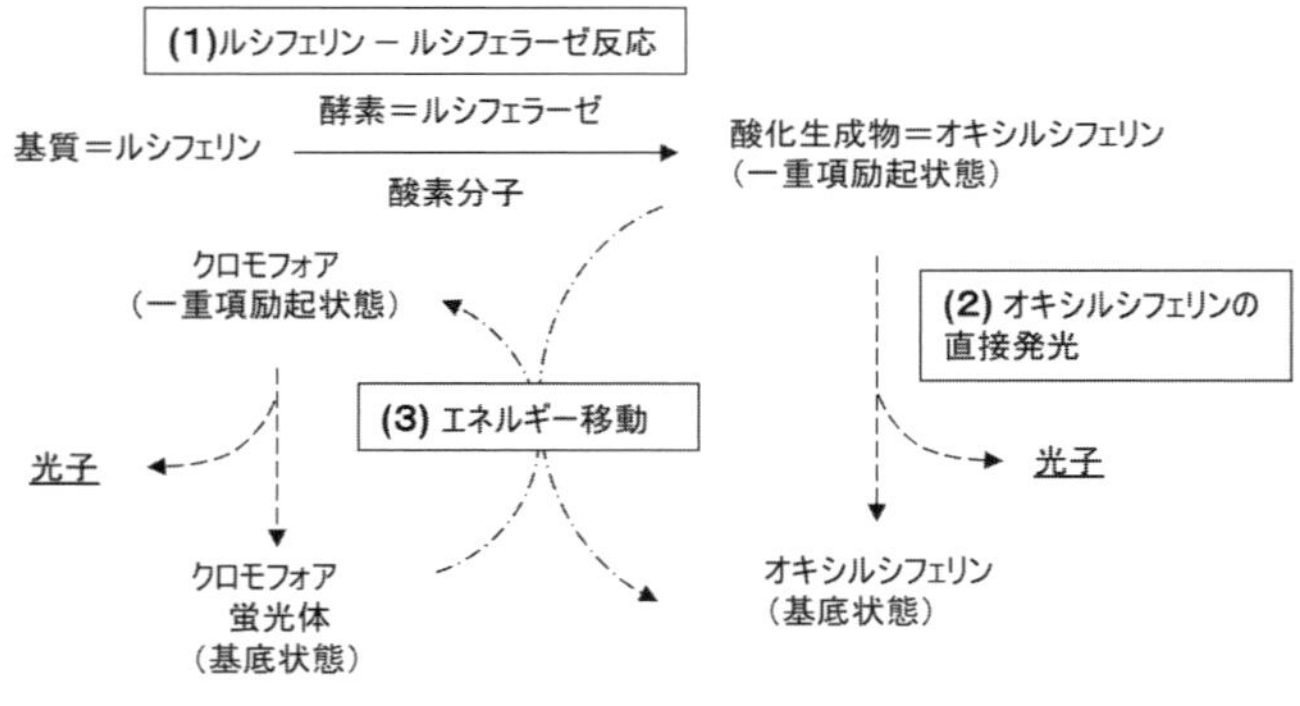

ルシフェリン・ルシフェラーゼ反応(1)により生まれた励起状態の蛍光体が直接発光(2)、あるいは別の蛍光体にエネルギー移動して間接的に発光(3)する。

光体にエネルギー移動(図2-2の(3))していると考えられていますが、詳細は未解明なままです。

ルシフェリンは多様でも、無数にあるわけではない

光合成ではクロロフィルが光を吸収するのに役立っており、ほぼすべての植物が同じ構造のクロロフィルを使っています。それに対して光を発するルシフェリンは1つではなく、現在までに12種類が決定されています。しかし、次ページの図2-3で示すようにルシフェリンの構造は類似していません。とはいえ、細菌から魚まで発光生物は多岐にわたるのですが、そこまでの多様性は示しません。

例えば、セレンテラジンはウミサボテン、ヒオドシエビやコペポーダと分類学上の門から属にわたるレベルを超えてもルシフェリンとして使われています。ウミホタルルシフェリンはウミホタル以外にもキンメモドキなどの発光魚でも共通です。これは食物連鎖を通じてルシフェリンが使われているからでしょう。

ルシフェリンを見て気づくことですが、5員環や6員環といった複素環式化合物が

基本骨格になっている点です。複素環式化合物の特徴として高い電子状態をとることが可能であり、光を生みだす段階で高い蛍光性を示すことができます。また、ホタルルシフェリンならアミノ酸の1つシステインに由来するように、ルシフェリンの出発物質がアミノ酸である例が多いことも大きな特徴です。

●図2-3

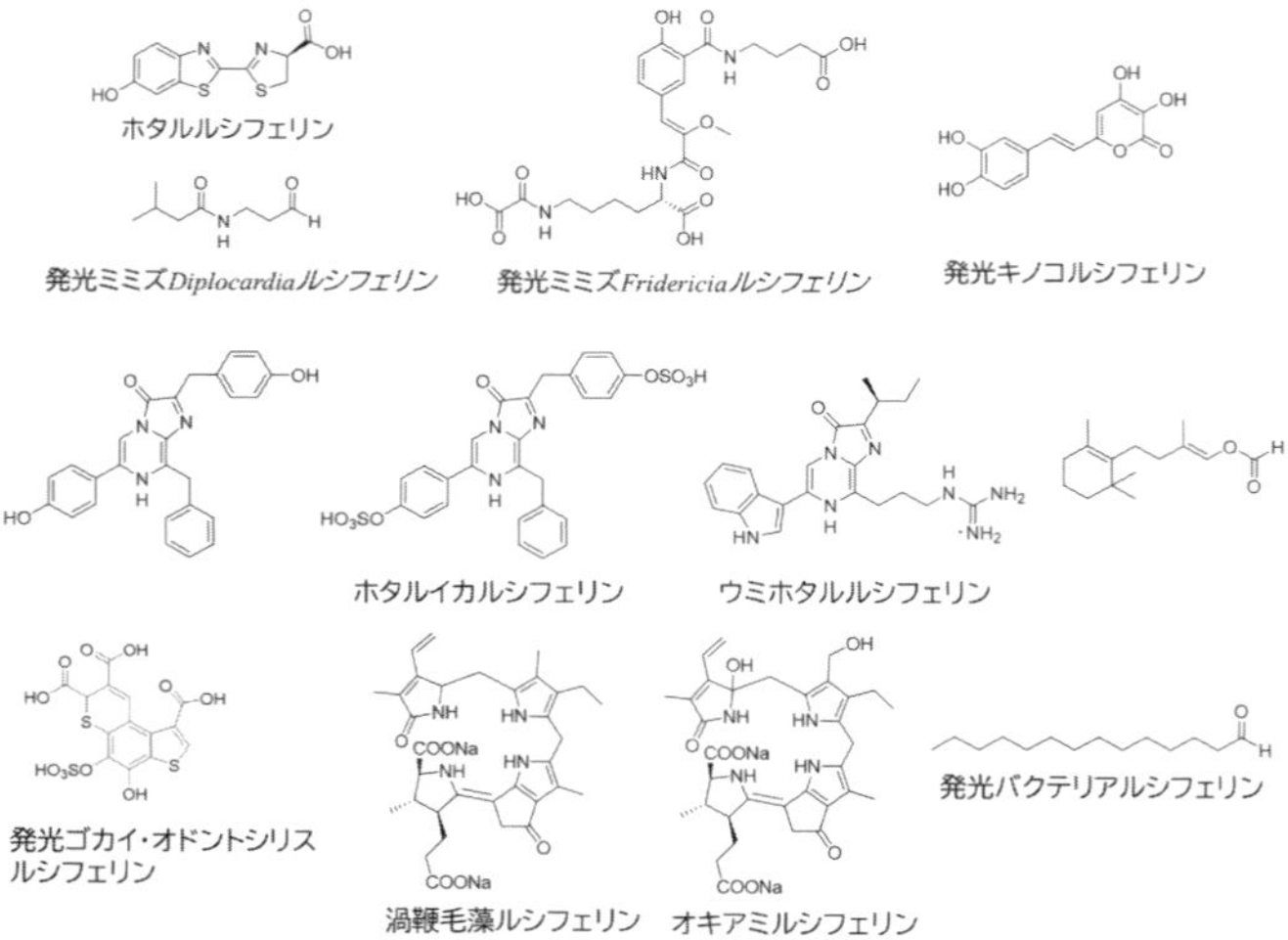

これまでに決定されたルシフェリンの構造

SECTION 15

ルシフェラーゼのお仕事

ルシフェリンが酸化して生まれるオキシルシフェリンが発光の実体です。では、酵素ルシフェラーゼはどんな役割を担っているのでしょうか? どんなタンパク質がルシフェラーゼと呼ばれるのでしょうか?

酵素としてのルシフェラーゼ

ルシフェラーゼは触媒として、ルシフェリンの酸化反応を触媒し、効率よく光が生み出されることをサポートします。ルシフェラーゼはどんな役割をになうのでしょうか? はたまた、どうしてルシフェラーゼが生まれたのでしょうか?

✦酵素は触媒、触媒って何？

触媒とは特定の化学反応の速度を速めるもの、例えば、高温で進行する化学反応は室温では時間をかけなければ進行しませんが、触媒によって室温でも進行させることができます。大事な点は触媒とは化学反応の前後で変化しないものを指します。あるいは触媒は専門的になりますが、化学反応が進行するための活性化エネルギーの高さを低くすることで反応速度を速めるという説明も当てはまります。ただし決して起こらない化学反応を触媒で変化させることはできません。

アンモニアは人工的に合成しようと考えると水素と窒素を４００～６００℃の高圧条件下で反応させなければできません（ハーバー・ボッシュ法）。しかし生体内なら種々の臓器で種々の代謝過程を経て、例えば、食餌から得られたタンパク質の分解物中の尿素が分解されたり、アミノ酸の一種グルタミンがグルタミナーゼにより分解されたりしてアンモニアが生合成するなど、生体温度でもアンモニアが合成されるのは酵素の触媒作用によります。

では、優れた触媒とは何でしょうか？通常の化学反応では、触媒それ自体の能力だけでなく、一定時間当たりの化学反応を触媒した数(ターンオーバー数)とその活性を維持した耐久性などによって評価されます。優れた触媒とは、化学反応を制御し、長期間にわたって化学反応を支え、なるべく多くの産物を得ることができるものでしょう。

✦触媒としての酵素とは?

酵素の役割は鍵と鍵穴に例えられることがあり、酵素の活性部位(タンパク質中の直接の化学反応の場)において厳密な基質の認識と化学反応の制御を行います。これを基質特異性といいます。また触媒である以上、反応速度が最も重要ですが、反応生成物は酵素濃度、基質濃度、温度、pHなどによって影響を受けます。基質濃度が一定であるなら、酵素濃度に比例して反応速度が増加します。酵素濃度が一定なら、基質量の増加とともに反応速度は増加しますが、ある量で最大反応速度となって、それ以上は増加しません。

反応温度ですが、温度が高ければ速度は増加しますが、酵素がタンパク質であることから、ある温度以上になるとタンパク質は変性して能力が失われます。また、pHもタンパク質中のアミノ酸の電荷等を変えることになるので、適切なpHでなければ酵素は機能しません。これらを最適温度、最適pHと呼びます。

では優れた酵素とは何でしょうか？　酵素の場合、酵素の持ち主である生体のおかれている環境に依存します。当然、人間なら多くの酵素は体内温度で有効に働かなければならないので、体温である37℃で有効に、あるいはpHは臓器ごとに異なり、同じ食べ物を消化する酵素でも、口内なら中性、胃なら酸性下で働く酵素が優れた酵素となります。一方、温泉にいるような菌なら、50℃以上で働く酵素が優れた酵素となります。

✦優れたルシフェラーゼとは?

発光生物の多くは基本的には変温動物ですので、ルシフェラーゼの能力は生息環境の温度が重要なファクターとなります。海洋性発光生物は赤道直下なら海水面水深３００ｍでも30℃を越えることはありますが、日本付近なら夏場は30℃を越えても、冬場なら20℃前後、深くなるほど低下し水深3000mで1・5℃くらいになります。よって海洋性発光生物の多くは低温を最適温度とするルシフェラーゼになります。一方、陸性の発光生物に目を向けると、日本のホタルは初夏の風物詩であり、気温25℃前後で飛翔します。よって、酵素の最適温度もこの温度付近となります。

では、pHはどうでしょうか？通常、細胞の中は中性から少しアルカリ性になっている生物が多いです。多くのルシフェラーゼの特性を調べましたが、この付近の環境下のpHが最適pHです。ただし、発光性の渦鞭毛藻類ではルシフェラーゼはシンチロンという細胞内小器官におり、シンチロン内にプロトンが流入してpHが酸性になった時に反応します。よって最適pHは6前後になります。当たり前のことかもしれませんが、発光生物の光る環境下にルシフェラーゼは進化とともに最適化され、それが優れたルシフェラーゼとなります。

もう1つの尺度は量子収率の高さ！

生物発光は酵素反応ですので、ルシフェリンが鍵に、ルシフェラーゼの活性部位が鍵穴としてルシフェリンを認識、反応を制御します。鍵であるルシフェリンはせいぜい12種類といいましたが、1つの鍵に対して鍵穴を持つルシフェラーゼにはいろいろなタイプがあります。例えばセレンテラジンというルシフェリンにはウミシイタケやヒオドシエビなどのルシフェラーゼの活性部位で反応しますが、それぞれの酵素のアミノ酸配列の一次構造は全く異なります。鍵穴は似ていてもドアの形自体が違うということになります。また、ホタルのルシフェリンに対するルシフェラーゼはホタル科、ホタルモドキ科、イリオモテボタル科、コメツキ科と一次構造は少しずつ似てはいますが、全く同じものはありません。異なることで発光色の違いや光の強さが違ってきます。生物発光の光の強さは反応速度、反応温度、pHなどの反応条件に影響されますが、それ以上に、ルシフェラーゼの化学反応自体を進める力、発光の量子収率に依存します。

発光量子収率とは1つのルシフェリンが酸化され、すべての化学エネルギーが光エネルギーに変化するなら1つの光子がでるので、量子収率は100%になります。しかし、こんな理想的なことは起こることはなく、オキシルシフェリンの励起状態時に熱エネルギーや振動エネルギーなども生まれ、実際、1つの光子がでることはありません。しかし、ホタルの発光なら量子収率は高く、1つの反応で約0・4個の光子もでることがあります(量子収率40%)。コメツキのルシフェラーゼなら約0・6個の光子もでます(量子収率60%)。代表的な化学発光であるルミノールでは、この10分の1程度、生物フォトンではさらに1兆分の1程度の量子収率になります。

量子収率の測定はルシフェリンの量を正確に測定し、かつ、光の測定は正確に放射エネルギーをeVとして計測しなくてはいけないので難しいですが、量子収率によってルシフェラーゼの特質がよく理解できます。量子収率が高いということは、化学エネルギーが効率よく光エネルギーに変換されることを表し、熱エネルギーなどがあまり生まれないことを表しています。古代ギリシャで、アリストテレスが、生物発光の光を「冷光」と呼びましたが、まさにその通りです。

✦ルシフェリン・ルシフェラーゼ反応ではないフォトプロテイン

ノーベル賞を受賞した下村脩は発光クラゲの光を研究する段階で、クラゲの生物発光がルシフェリン・ルシフェラーゼの定義に基づく方法では精製できないことに気づきました。何とか精製したものは分離できないルシフェリン・ルシフェラーゼの複合体でした。そこで下村らは、これをフォトプロテイン（発光タンパク質）と定義し、発光クラゲAequorea属から精製されたフォトプロテインをイクオリンと命名しました。その後、ルシフェリン・ルシフェラーゼの定義から外れるフォトプロテインとしてフサゴカイやオキアミでフォトプロテインの可能性が示唆されていますが、実態はつかめていないのが現状です。なお、フォトプロテインをルシフェリン充電型ルシフェラーゼの生物発光ということもあります。

SECTION 16

さまざまなルシフェリン・ルシフェラーゼ反応

微生物から魚類まで発光生物は多岐にわたります。多くの人がルシフェリンというと1つの物質と思いがちですが、発光生物種によって多様な構造をとっています。よって、はじめに構造決定された生物名をとってホタルルシフェリン、ウミホタルルシフェリンやウミシイタケルシフェリンと呼ぶことが一般的です。ここでは、これまで同定、構造決定された主な9種類のルシフェリンごとに、どのようなルシフェリン・ルシフェラーゼ反応であるのかを紹介しましょう。

ホタルルシフェリンの生物発光

世界で初めて構造がわかったのはホタルのルシフェリンです。1940年代、アメリカ・ジョンズホプキンズ大学のマッケロイはホタル100匹を25セントで買い取りながら、毎年100万匹近くのホタルを集め研究を進めました。その結果、1961年にホタルルシフェリンの構造を決定しました。同じくデルウカの研究グループがアメリカ産のホタルルシフェラーゼのクローニング（遺伝子配列が同定）に世界で初めて成功しました。第3章でさらに詳細にホタルの発光については記述しますが、まずは大まかに説明します。

✦ホタルの発光にはATPが必要

図2-4の化学反応式を参考に説明します。ホタルの生物発光は2段階の化学反応で光を発し、ルシフェラーゼは2つの化学反応を触

●図2-4

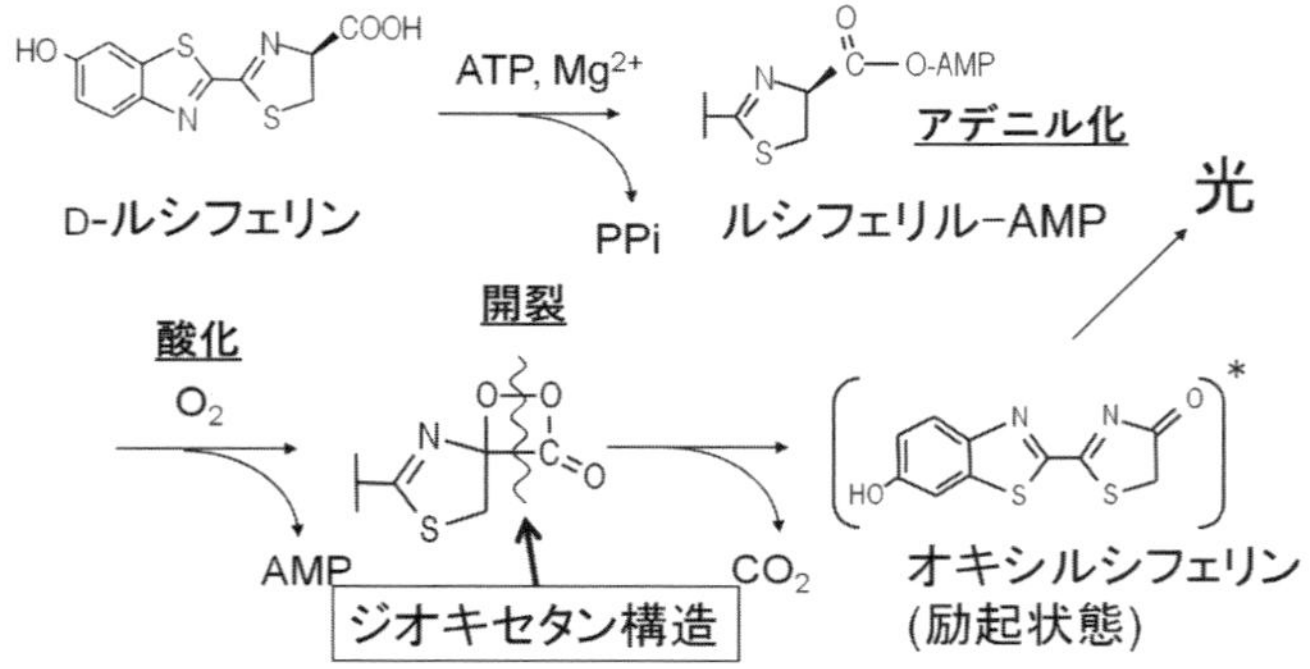

ホタル生物発光の化学反応は2段階で進行する。

媒します。1段階目にホタルルシフェリン(立体異性体としてD体が反応し、L体が反応を阻害)はMg^{2+}の存在下、アデノシン三リン酸ATPと反応してアデニル化され、ルシフェリル-AMPが合成されます。

次に酸素と反応してペルオキシドアニオンが生成、酵素内で不安定なジオキセタンに変換され、このジオキセタン構造は酵素内で開裂し、CO_2と励起一重項状態のオキシルシフェリンを生成します。このとき、効率よくオキシルシフェリンの励起状態のモノアニオンが生成し、場合によって脱プロトン化して励起状態のジアニオンとなり、それぞれが基底状態に移るとき、光を発します。

ホタルの発光色は？

酵素反応は温度やpHに影響されますが、もっとも顕著な違いを見せるのがホタルの発光色です。北米産ホタルのルシフェリン・ルシフェラーゼ反応は25℃付近では黄緑色ですが、30℃を越えると黄緑色から橙色、赤色に変化します。

同様に、pHをアルカリの8から徐々に酸性に変化させると赤色に変化します。さらに反応液にHg^{2+}などの重金属を加えた場合にも赤色に変化します(図2-5)。

これは、温度、pH、重金属によりルシフェラーゼの活性部位の状態が変化することで、励起状態のオキシルシフェリンがモノアニオンになることで赤色、ジアニオンになることで黄緑色になるためと考えられています。しかしながら、オキシルシフェリンの中間状態の解析は十分ではなく、発光色決定機構は十分に解明されていません。

ホタルルシフェラーゼは?

ホタルルシフェラーゼはアミノ酸残基

●図2-5

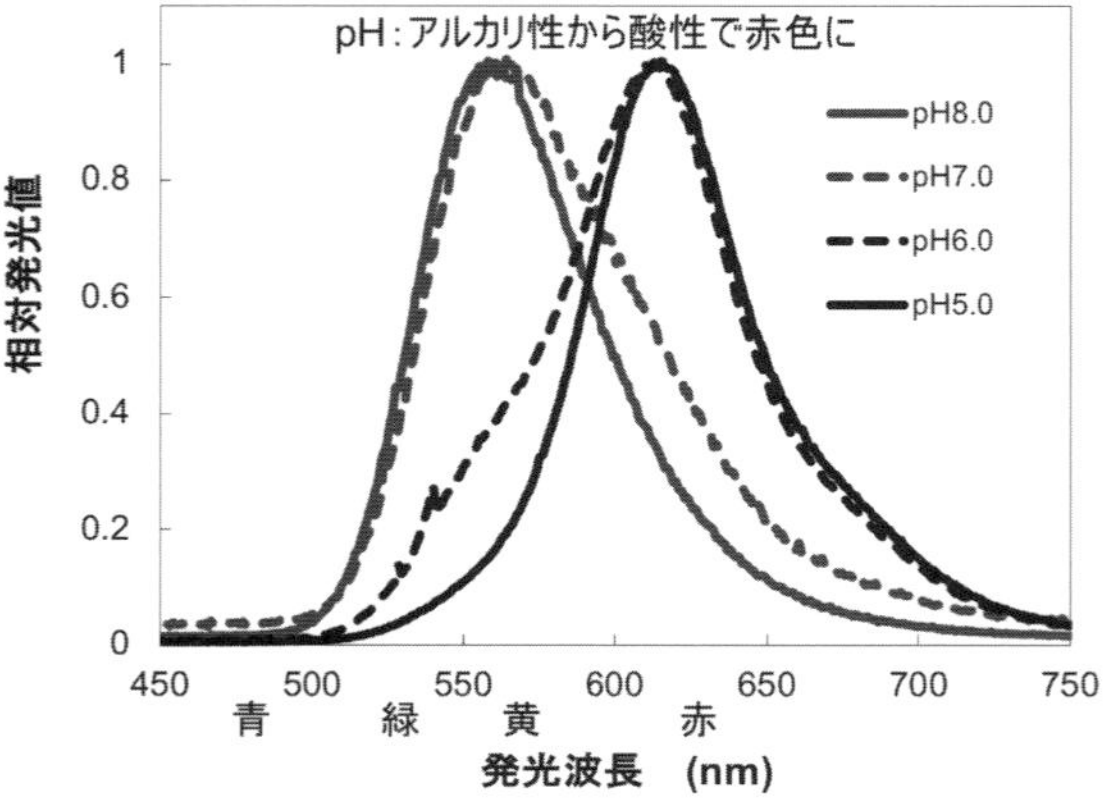

ホタルの発光スペクトルのpHにより変化する。

５４５~５５０個で構成される分子量約6万のタンパク質です。

世界で初めて構造が明らかになった北米産ホタルルシフェラーゼの構造を基準にアミノ酸配列の一次構造上の相同性(どれくらい同じアミノ酸が並んでいるのかの指標)を比べると、ホタル科内のもので60~90%、ホタルモドキ科、イリオモテボタル科ルシフェラーゼで50~60%、ヒカリコメツキ科ルシフェラーゼで50%程度となっています。

三次元構造的(図2-6)に見ますとC末端側の小ドメイン(４４０~５５０番残基)を形作り、大ドメイ

●図2-6

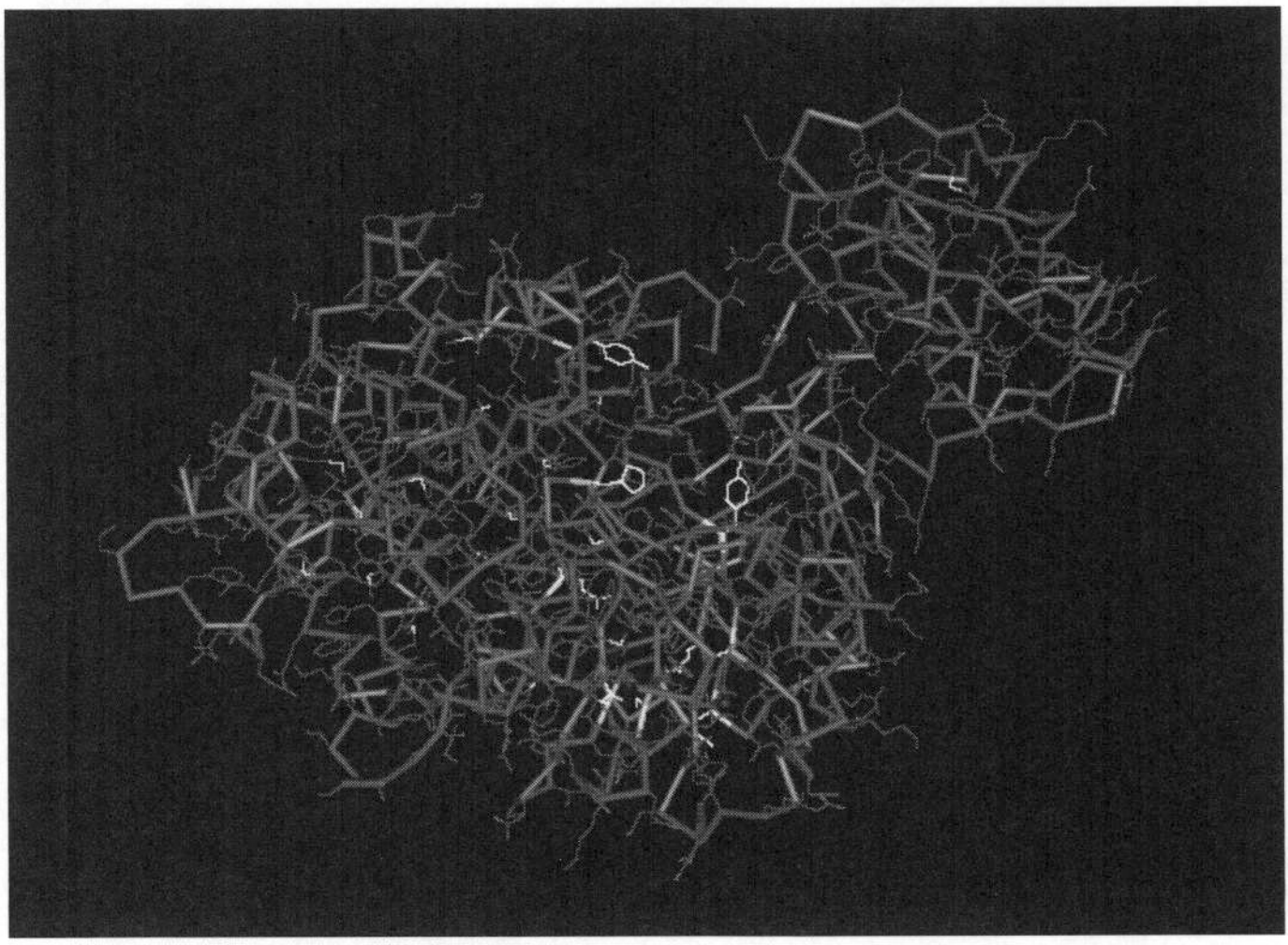

ホタルルシフェラーゼの3次元立体構造。

ン（1〜436番残基）に重なり、その間を可変ループ（アミノ酸残基14個）がつないでいます。

✦ホタルルシフェリンは同じだけど

ホタルルシフェラーゼの反応では反応条件であるpHや温度の違いにより発光色が変化すると説明しました。しかし、ホタルモドキ科やヒカリコメツキ科由来のルシフェラーゼでは発光色は変化しません。特に頭部が赤色で腹側部が緑色の鉄道虫のルシフェラーゼは同じルシフェリンでも発する光の色はそれぞれのルシフェラーゼによって決定され、反応条件が違っても変化しません。これは酵素の活性部位が構造的に安定で周りの影響を受けにくいためと考えられています。

なお、ホタルルシフェラーゼも、鉄道虫ルシフェラーゼもタンパク質中のアミノ酸を変えることで発光色、発光の強さやルシフェラーゼの耐熱性が変化します。

✦ ホタルのルシフェリンはどこから

ホタルルシフェリンはどのように生合成されるのでしょうか？　現在、考えられているのは8キノンとL-システインが反応して2シアノ-8ハイドロキシベンゾチアゾールになり、続いてL-システインと反応してL体ホタルルシフェリンが生成します。

立体異性のL体は反応を阻害しますが、さらにラセマーゼという酵素によって活性型のD体に変化すると予想されています。詳細な反応はまだ未確定ですが、生合成過程が理解され、ホタルの生物発光の仕組みを導入した光る植物の開発が期待されています。

SECTION 17

セレンテラジンの生物発光

多くの海洋生物のルシフェリンはセレンテラジン、またの名はウミシイタケルシフェリンです。これは食物連鎖のかなめとも言われています発光するコペポーダのルシフェリンがセレンテラジンで食物連鎖を通じて発光クラゲ、ウミサボテン、ウミシイタケや発光エビなどに連鎖し、ルシフェリンとなったと考えられています。

セレンテラジンの発見

下村脩らは発光クラゲの発光タンパク質の研究を進める段階でセレンテラジンの酸化体の構造を明らかにしました。その結果、下村が結晶化に成功したウミホタルルシフェリンの基本骨格であるイミダゾピラジノン構造と類似することがわかりました。

そして、1970年代半ばにセレンテラジンの構造が解明されました。

一方、1960年代、アメリカの研究者がウミシイタケの発光がルシフェリン・ルシフェラーゼ反応であることを解明しました。下村より少し遅れてウミシイタケルシフェリンの構造解明に成功し、同一の構造を持つ化合物であることがわかりました。その後、コペポーダ、ヒオドシエビなども同じルシフェリンであることがわかったのです。

発光クラゲ由来の蛍光タンパク質GFP

下村はジョンソンとともに米国ワシントン州サン・ホアン島のフライデーハーバーに滞在しクラゲの採取に明け暮れました。最終的には85万匹以上のクラゲを採取し、クラゲの縁にある発光する仕組みの解明を目指しました。その結果、発光クラゲには蛍光を発するタンパク質と発光するタンパク質があることを突き止めました。

蛍光を発する緑色蛍光タンパク質GFPは1990年代に遺伝子が特定され、細胞の標識として使えることがわかり、多くの研究者に活用され、生命工学の分野で革新をもたらしました。

✦発光クラゲ由来の発光タンパク質イクオリン

クラゲの発光の仕組みの解明は大変な道筋でした。その理由は、ルシフェリン・ルシフェラーゼ反応の定義ではルシフェリンもルシフェラーゼも見つからなかったからです。つまり、発光組織の熱水抽出物、冷水抽出物を混ぜあわせても光らないのでした。

ある時、すべてが解決しました。それは下村が抽出物をシンクに捨てた時、抽出物が光ったからです。下村は発光を止めている何かがあることに気づきました。最終的にそれはカルシウムイオンでした。発光の仕組みは、ルシフェラーゼにあたるタンパク質にルシフェリンが結合した状態であり、カルシウムイオンが結合するとセレンテラジンがルシフェリンの働きをして酸化され光を放つのです。

下村は定義にない発光システムであることから、発光タンパク質イクオリンと名付けました。イクオリンは「充電状態のルシフェラーゼ」とも表現できます。なお、イクオリンは、発光クラゲの学術名称イクオリアから名づけられました。

発光クラゲの中で起きていること

発光クラゲの中にはイクオリンとともにGFPが存在し、イクオリンから発した青色の光がGFPを励起して緑色の光を発します。イクオリンはカルシウム結合タンパク質であり、セレンテラジン、アポイクオリン(アポとは修飾される前の状態)及び分子状酸素の複合体です。

カルシウムイオンがタンパク質に結合すると酵素として活性化され、分子内基質セレンテラジンの酸化を触媒します(図2-7)。反応が開始されると、二酸化炭素と励起状態にある青色蛍光タンパク質(アポタンパク質とセレンテラミドの

●図2-7

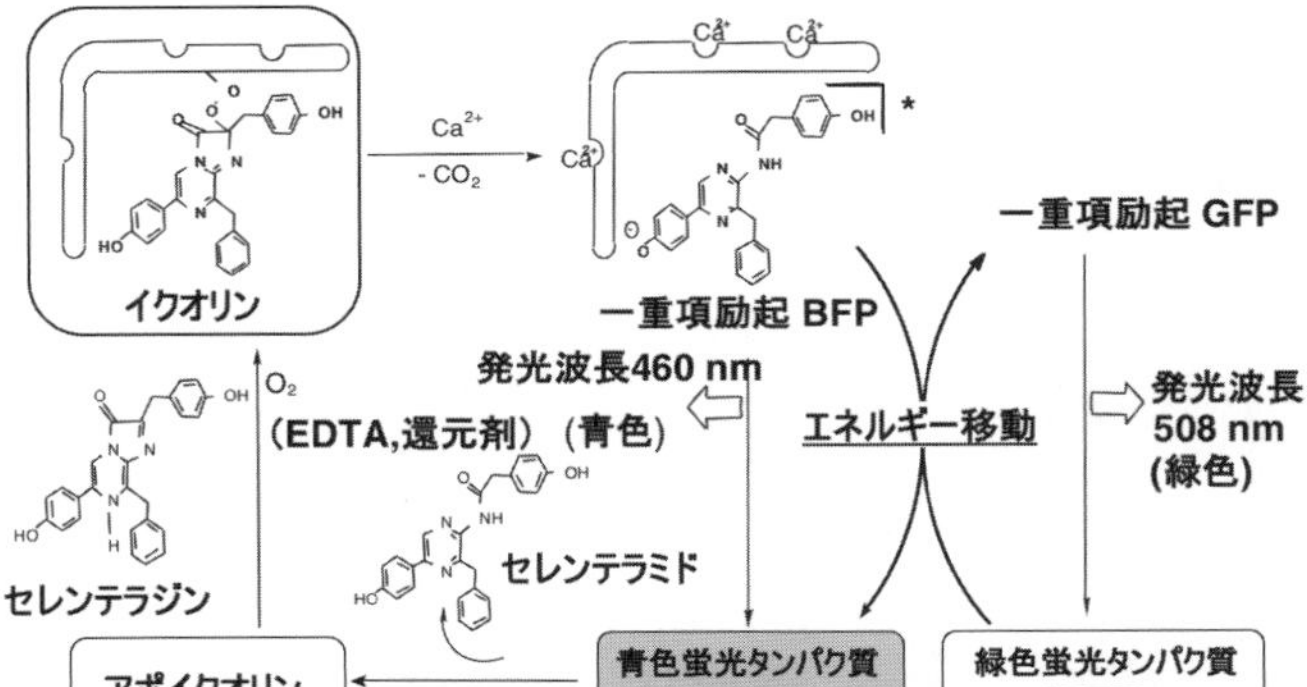

発光クラゲの中で起きているGFPへのエネルギー移動が伴う生物発光の化学反応。

複合体)を生成し、同時にこの励起分子は青白色の光を瞬時に発して基底状態に移ります。この際、イクオリンから発したエネルギーはGFPを励起し緑色を発します。つまり、見かけ上、クラゲは緑色に発光しますが、これはイクオリンの青色光エネルギーがGFPへとエネルギー移動したことによります。

SECTION 18

ウミホタルルシフェリンの生物発光

ノーベル賞受賞者の下村脩が最初に手掛けたのがウミホタルルシフェリンの結晶化です。構造を決めるのに乾燥重量500g(湿重量2kg)とたくさんのサンプルが必要でした。ウミホタルルシフェリンの結晶化にはルシフェリンを精製する必要がありました。特筆すべきことに、精製するには酸素がある状態では酸化反応がすぐ起きるので、酸素のない条件にするため、爆発性のある水素を巧みに使ったことです。

第3章でさらに詳細にウミホタルの発光については記述しますが、まずは大まかに説明します。

ウミホタルルシフェリンの発光反応

ウミホタルルシフェリンはセレンテラジンと同様にイミダゾピラジノン骨格構造を

持ちますが、側鎖の構造は違っています。ルシフェリンは酸化されエネルギー状態の高いジオキセタン構造を経て励起状態のオキシルシフェリンとなり、基底状態に移る際に青色の光（最大発光波長４６０㎚）を発します。ＡＴＰなどの補因子を必要としない単純な酵素反応ですが、比較的高い量子収率（約30％）を示します。

✦ウミホタルルシフェラーゼの特徴

ウミホタルルシフェラーゼは分子量約6万の糖タンパク質ですが、糖鎖を持つルシフェラーゼはラチアルシフェラーゼやゴカイのルシフェラーゼなど、それほど多くありません。また、分泌タンパク質であり、細胞内で壊されることなく細胞外に分泌されます。

ウミホタルの体内ではルシフェリン、ルシフェラーゼは、それぞれ別の組織に蓄えられ、必要な時に2つを同時に吹き出して光の煙幕を作ります。貯蔵されることからタンパク質は非常に安定で20℃付近なら数週間、発光能力（活性）を保持します。これまでに日本の海岸近くに生息するベントス型ウミホタル（日中、砂浜にもぐるタイプ）

と日本近海で浮遊するタイプのウミホタルのルシフェラーゼの構造が決定されていますが、特性に大きな違いはありません。

発光魚にもあるウミホタル生物発光システム

第1章でも紹介しましたが、キンメモドキはウミホタルルシフェリンを持っています。最近の研究では食餌から得たウミホタルから発光の仕組みを受け取っていることがわかってきました。しかし、消化されるはずのものが、どのように選択的な発光組織に移動するかなど未解明な部分が多いです。

SECTION 19

発光バクテリアルシフェリンの生物発光

発光バクテリアは単細胞生物で、発光の仕組みが遺伝子上にしっかり書き込まれ、その制御の仕組みもまた、遺伝子の中にしっかりと書き込まれています。よって、発光関連遺伝子を細胞に導入すれば、外から何も加えなくても発光する細胞を作り出すことができます。

発光ルシフェリンは?

すべての発光バクテリアのルシフェリンは共通の構造を持っています(図2-8)。他の発光生物とは異なり、テトラデカナールのような飽和長鎖脂肪族アルデヒドと還元型フラビンモノヌクレオチド(FMNH_2)がバクテリアルシフェラーゼ存在下で、酸素と反応して中間体を作ります。この中間体が励起状態となり、基底状態に移る時に光を発します。飽和長鎖脂肪族アルデヒドだけでも、還元型フラビンモノヌクレオチドだけでも光は生まれません。

ルシフェラーゼは?

発光バクテリアは培養が容易なので、比較的簡単に大量生産、精製できました。特に食塩濃度(3%程度)を上げることで光が強くなるとともに、ルシフェラーゼ量も増加するので、タンパク質の特定も容易でした。

1986年、ルシフェラーゼでは一番早く、遺伝子が特定され、タンパク質の一次構造が明らかになりました。ルシ

●図2-8

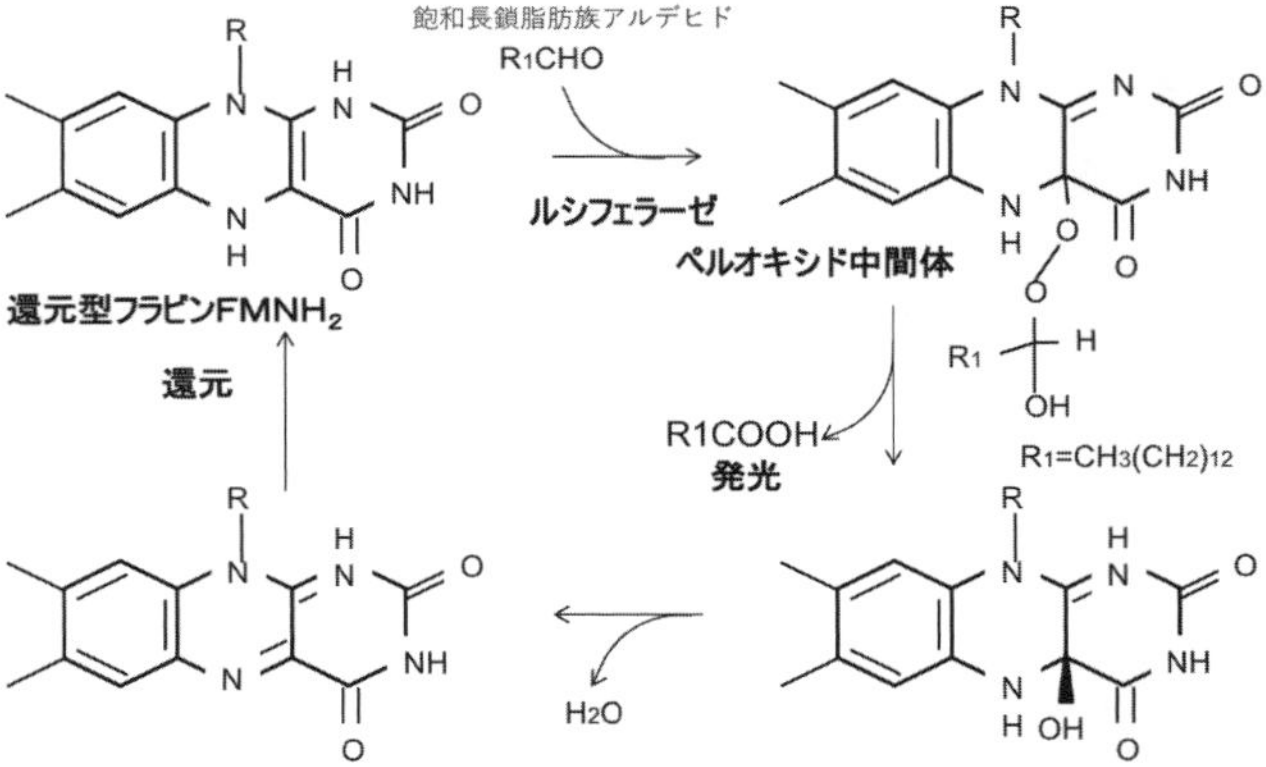

発光バクテリアの生物発光のための一連の化学反応を表す。

フェラーゼは355個のアミノ酸からなるαサブユニット、324個のアミノ酸からなるβサブユニットからなる二量体の酵素でした。

✦発光の制御法は?

生物には原核生物と真核生物がいますが、発光バクテリアは原核生物であり、1つの大きな染色体の中に、ほぼすべての遺伝子情報と遺伝子の制御法が書き込まれています。タンパク質の情報はコンパクトにまとめられており、その遺伝子が転写、翻訳され直接タンパク質が合成されます。そして、一連の生理現象に関わるタンパク質群はオペロンと呼ばれる1つの単位にまとめられています。

発光バクテリアでは飽和長鎖脂肪族アルデヒドがキーとなることから、ルシフェラーゼのα、βサブユニットの遺伝子を挟んでアルデヒド合成酵素の情報が書き込まれています。このオペロンの中には、これらタンパク質の発現量を制御し発光量を調整するためのオートインデューサを合成する仕組みも組み込まれています。第5章では、さらに応用を含めて説明します。

SECTION 20

発光キノコルシフェリンの生物発光

発光キノコの発光はルシフェリンが単に自然に酸化する化学発光という説とルシフェリン・ルシフェラーゼ反応の生物発光という説の2つがありました。

これは、水抽出でルシフェラーゼが上手く取り出せなかったため、ルシフェリン・ルシフェラーゼ反応を検証できなかったためですが、最近、ルシフェリン・ルシフェラーゼ反応が確認されるとともにルシフェリン、ルシフェラーゼ共に構造が明らかになりました。

発光キノコのルシフェリン

長い間、キノコの発光がルシフェリン・ルシフェラーゼ反応であることが確認できず、発光の仕組みの研究は足踏みし、ルシフェラーゼはなく、ルシフェリンのみの化学発光という説もありました。

2010年代、ロシアとブラジルの研究者が、ヒスピジンという化合物がルシフェリンの前駆体であり、NADPH(ニコチンアミドアデニンジヌクレオチドリン酸)依存型の酵素によってルシフェリンとなり、即座にルシフェラーゼの酵素反応で酸化され発光することがわかったのです。ルシフェリンの構造は他のものとは全く違っていました。発光には2つの酵素が必要でした。

未来の光エネルギー

ロシアの科学者たちは2つの酵素を同定し、キノコの発光を見事に再現しました。さらに、この発光の仕組みを植物に導入することで、何も手を加えなくとも光る植物を作ることに成功しました。これは、環境にやさしい究極の光エネルギーかもしれません。

●発光キノコの生物発光システムを人工的に組み込んだ植物

（提供：ロシアPlanta社 Karen Sarkisyan博士）

SECTION 21

発光ミミズルシフェリンの生物発光

発光ミミズは大型のものと小型のものがいますが、2つのルシフェリンの構造が解明されています。1つはアメリカ大陸、オーストラリアやニュージーランドに生息する20～30㎝級の大型のミミズのもの、もう1つはシベリアに生存する1㎝程度の小型のミミズのものです。ルシフェラーゼの構造については不明な点が多いです。

大型ミミズの発光の仕組み

大型のミミズは刺激を加えると黄緑色のスライムが口やお尻からにじみ出ます。これを定法通りに、水抽出、熱湯抽出するとルシフェリンとルシフェラーゼの存在がわかります。まだ、ルシフェラーゼの遺伝子は決定されていないため、構造情報はわかりませんが、古いデータとして、分子量32万の巨大な構造と考えられています。

一方、ルシフェリンは他のものとは全く違っています。ルシフェリン・ルシフェラーゼ反応液に過酸化水素を加えると発光が増強されます。銅イオンが反応に関与するなどの報告もありますが、詳細は不明です。

小型ミミズの発光の仕組み

大型ミミズのルシフェリン構造は単純でしたが、シベリアで採取された小型ミミズのルシフェリンの構造は複雑で分子量も大きい化合物です。ルシフェラーゼの構造はわかっていません。今後の研究の進展が期待されています。

●シベリアの発光ミミズの発光

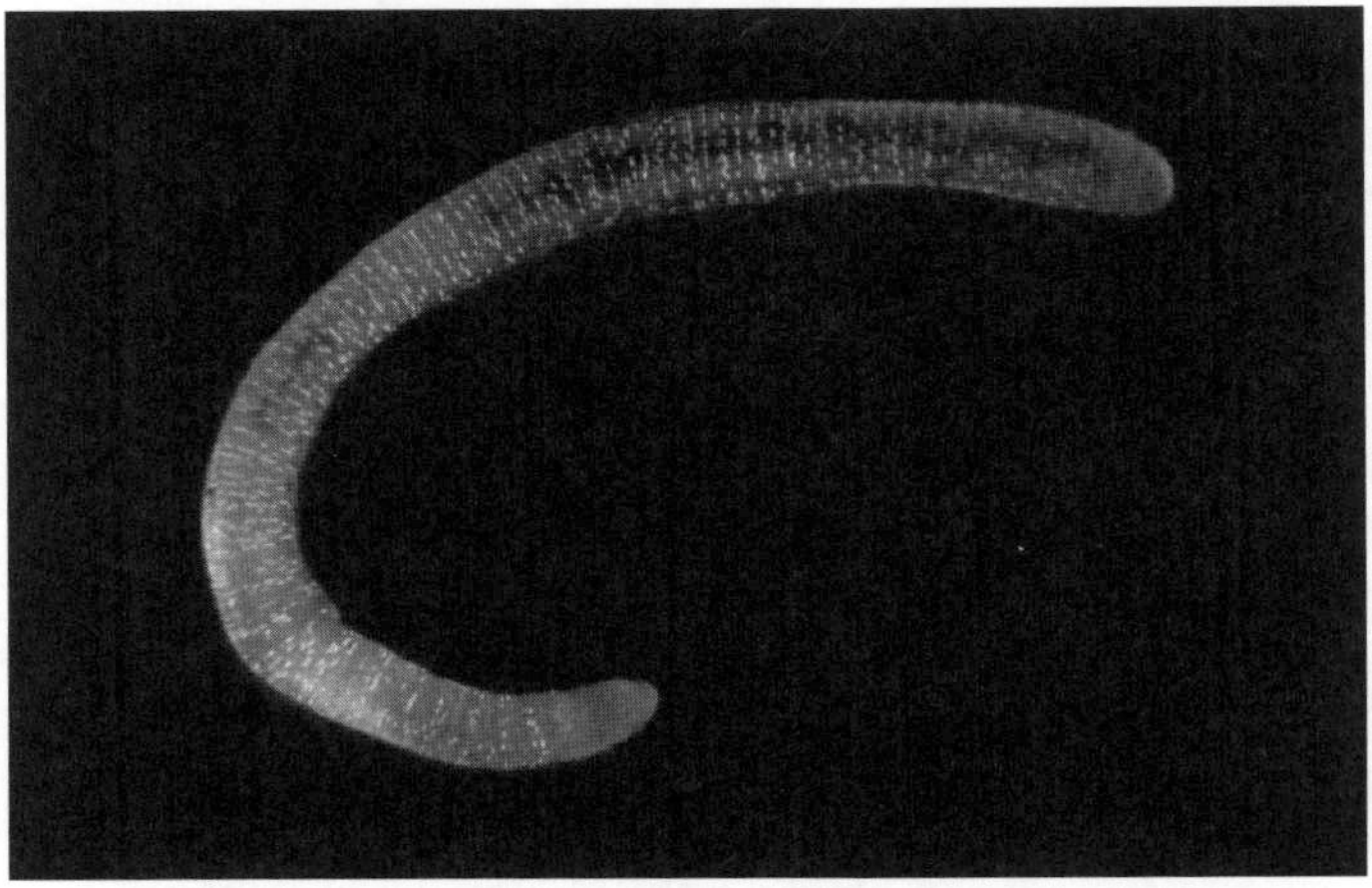

（提供：ロシア科学アカデミーシベリア研究所　Natalya Rodionova博士）

SECTION 22

発光性渦鞭毛藻ルシフェリンの生物発光

光合成をおこなう生物で発光するものは発光性渦鞭毛藻だけです。ユニークな点は光合成に使われるクロロフィルが代謝されてルシフェリンに変わることです。さらに同じ仲間ですが、光合成をしないヤコウチュウも同じルシフェリンを使うことです。さらにオキアミも類似したルシフェリンがあることです。第3章でさらに詳細に渦鞭毛藻類の発光については記述しますが、まずは大まかに説明します。

ルシフェリンの構造

クロロフィルはテトラピロール環から構成されています。ルシフェリンはクロロフィルの代謝産物ですので、同じくテトラピロール環で構成されます。ルシフェリン自体には蛍光性がありますが、他の発光システムと異なり、オキシルシフェリンには蛍光性がありません。鮮やかな青色の発光はルシフェリンの蛍光スペクトルと一致しますので、励起状態のオキシルシフェリンのエネルギーが蛍光性を持つルシフェリンにエネルギー移動するという仮説があります。しかし、現時点で証明されてはいません。

オキアミの発光の仕組み

オキアミは鮮やかな青色の光を放ちます。ルシフェリン・ルシフェラーゼ反応を示さないことから発光クラゲのイクオリンのように発光タンパク質であると考えられています。ルシフェリンを調べたところ、構造はわずかに異なりますが、テトラピロール環を持つ発光性渦鞭毛藻ルシフェリンと類似しています。どのようにルシフェリンを手に入れたかはまだわかっていません。食物連鎖で手に入れた可能性はありますが、いまだ不明です。

SECTION 23

発光貝ラチアルシフェリンの生物発光

一生涯、淡水に暮らす発光生物は発光貝ラチアだけです。そしてラチアはニュージーランドにしか生息しません。こんな不思議な発光生物は他に居ません。また、ルシフェリンの構造も他のものと全く異なっています。そして、ルシフェラーゼもよくわかっていません。

第3章でさらに詳細にラチアの発光については記述しますが、まずは大まかに説明します。

発光貝ラチアのルシフェリン

ラチアのルシフェリンは、1966年に下村らによって精製、構造決定がなされました。構造は他のルシフェリンとは全く異なっていました。カロチノイド色素の誘導体にも一見、見えますが、共役系が成立していません。どのように生合成されたかも興味深い研究対象です。

発光貝ラチアの発光のミステリー

ラチアのルシフェラーゼは分子量18万もある巨大なタンパク質ですが、調べてみると分子量が3万のタンパク質が6つ集まったものであることがわかりました。1つの単体では酵素としての役割を担うことができませんが、理由は明確ではありません。また、通常、生物発光ではオキシルシフェリン自身が蛍光性を持っていることが重要ですが、ラチアのオキシルシフェリンには蛍光性がありません。ラチアルシフェラーゼの中にある蛍光物質を励起するという仮説はありますが、まだ、仮説の証明には至っていません。発光が緑色であることも海洋性の発光生物とは大きく異なっています。

Chapter.3
発光するさまざまな生物たち

SECTION 24

最強の光、ホタルの光

第1章では発光生物の全体像を分類された種ごとに、併せて生物発光の生物学的な意味を説明しました。そして第2章では発光の仕組みを化学的、あるいは物理学的な視点で説明しました。この章では、私たちが特に力を入れて研究してきた発光生物を、これまでの知見をもとに解説しましょう。

世界に生息しているホタル

世界中で最もなじみ深い発光生物といえばホタルです。私たちの知る限り、南極大陸をのぞけば、どこの大陸にも生息します。ホタルの仲間はホタル科、ホタルモドキ科、イリオモテボタル科、コメツキ科に分類され、2000種を超えると言われています。しかし、ブラジルのアマゾンやアフリカなどすべての場所が調査されているわけではないので正確な数はわかりません。ホタルの発光の仕組みはルシフェリン・ルシフェラーゼ反応ですが、ルシフェリンの化学構造は同じです。一方、ルシフェラーゼの構造は多様で、酵素の特性も随分と異なっています。特に発光色はルシフェラーゼによって大きく異なります。私たちは世界のホタルを調査してきました。

✦ホタル科だけでもおよそ50種のホタル

日本列島には約50種のホタルがいて、幼虫期を「水生」で過ごすゲンジボタル、ヘイケボタル、クメジマボタルの3種と、残りの「陸生」のヒメボタル、アキマドボタル、ヤエヤマボタルなどに大別されます。地球上の大半のホタルの幼虫は陸生で

●ミヤコマドボタル、ヒメボタル

ミヤコマドボタル

ヒメボタル

（提供：大場信義）

すが、水生のものは台湾、中国、インドネシアなどの東アジアと東南アジアにのみ生息します。また、日本列島は北から南まで、ほぼすべての地域にホタルがいますので、通年どこかで発光が観察できます。例えばゲンジボタルは5月から、長崎県対馬のアキマドボタルなら9月に、またイリオモテボタルなら12月から光り出します。また、ミヤコマドボタルなら通年発光を見ることができます。

✦幼虫の時には光っていたのに

ホタルのすべての成虫が光っているわけではありません。発光するゲンジボタルやヘイケボタルのような夜行性のホタルと、発光しないオバボタルのような昼行性に分類されます。夜行性のものは交尾などのコミュニケーションに光を使いますが、昼行性のものは主に匂いをコミュニケーションのツールにします。しかしながら、いずれの種も幼虫は夜間に行動し発光します。そのため、幼虫期の光はコミュニケーションのためではなく、相手を威嚇するために発光していると考えられています。

発光パターンこそユニーク

元横須賀博物館の大場信義らにより、日本のホタルの発光パターンはよく研究されており、速く点滅するヒメボタル、ゆっくり点滅するゲンジボタル、強く光り続けるイリオモテボタルなどに大別されます。特に、ゆっくり点滅するゲンジボタルは、点滅速度の違いで、東西に分類されます。

西日本の集団は約2秒間隔で、東日本の集団は約4秒間隔で明滅します。よって東日本の集団の方が、のんびりしているようにみえます。一方、北海道に生息するヘイケボタルは本州以南のものに比べて、よりゆっくりと間隔をあけて点滅します。メスの探索に時間がかかるため、エネルギーを節約しているのかもしれません。

発光色にも違いがある

実は同じように見えている発光色も少しずつ異なっています。ただ違っていると言ってもわずかな違いで、緑色(マドボタルなど、最大発光波長550㎚)から黄色(ヒメボタルなど、最大発光波長570㎚)まで、ゲンジボタルやヘイケボタルはその中間色となっていますが、それぞれの種によって発光色は微妙に異なっています。

面白いことに、それぞれのホタルの視覚は、それぞれの固有の発光色を見るために最適化されています。これは、成虫の発光が交信、交尾に活用されることから、同じ種を保存するために生まれたと考えられています。

✦ホタルが教える日本とユーラシア大陸のつながり

ヒメボタルを初めて採取したのは大場らと共に箱根の山中でした。採取したヒメボタルのルシフェラーゼ遺伝子をクローニングし、そのアミノ酸の一次構造を決定しました。驚いたことに、ゲンジ、ヘイケボタルとは似ていなくて、ロシアのグループが公表した東ヨーロッパのホタルとほとんど同じ配列でした。ヒメボタルは日本では九州、四国、本州に生息しますが、実は、ユーラシア大陸の何千キロと離れた場所に、最も近い種がいることになります。ゲンジ、ヘイケボタルの近い種が東南アジアにしかいませんので、陸生ヒメボタルこそ、ユーラシア大陸の主役なのかもしれません。

私たちはヒメボタルがユーラシア大陸の北でつながっているのか、南でつながっているのか、インドとロシアに注目しています。私たちは既に冬には零下50度にもなるシベリア中央部のクラスノヤルスク、夏は40度以上にもなるインド東部アッサムから共同研究者とともに既にホタルを採取しています。わかるのは、これからかもしれません。

イリオモテボタルは冬のホタル

西表島や石垣島に生息するイリオモテボタルはホタルモドキ科に近いイリオモテボタル科に属し、発光を観察できるのは12月から1月の間です。面白いことにオスの成虫は飛ぶことはできますが、発光しないので簡単に見つけることはできません。一方、メスは幼虫と同じ形態で成虫となり、翅が無いことから行動範囲は限られます。集落の家々の古い塀や石垣の隙間などにいて、日没後、15分間くらいですが、比較的簡単に発光を観察できます。オスを誘引する時に腹部の発光器を上空に向け強く光り続け、オスの誘引に成功すれば光を消します。交尾後、土にもぐって産卵し、13節あるうちの11節にある3対の発光器から弱い光を発しながら数カ月抱卵します。イリオモテボタルの尻近くの発光器は雌雄交尾のためのコミュニケーションに、個体全体の発光器は卵を守る威嚇として使われています。

✦イリオモテボタルの仲間を中国雲南省で採取

中国雲南省は北に行けば7000m級の山々が、南に下がれば海抜80mと高低差が大きく、しかも三江と呼ばれる揚子江、メコン川（中国では瀾滄江）、サルウイン川（中国では怒河）の源流もあります。中国では未だ正確なホタルの数はわかっていませんが、雲南省は気候も寒帯から熱帯まで、おそらく最もホタルの種類が多い地域と考えられます。

私たちは2000年代初めから中国科学院昆明動物研究所の梁醒財らと共同調査し、昆明市北西部海抜2000mの集落の近くの里山でイリオモテボタルに極めて形態が近いメスの成虫を発見しました。解析の結果、ルシフェラーゼの遺伝子配列がイリオモテボタルのものと極めて類似しているので近縁種であることが明らかになりました。

イリオモテボタルの仲間はタイや台湾でも見つかっていますので、イリオモテボタルは台湾や日本列島南部がユーラシア大陸の一部であった時代に拡散したホタルの仲間かもしれません。

しかし、なぜ、西表島などの八重山諸島だけに生息するのか大きな謎です。また、海抜数ｍから２０００ｍまで生息環境を広げたのかも大きな謎です。

●西表島イリオモテボタルと中国雲南省近縁種の写真

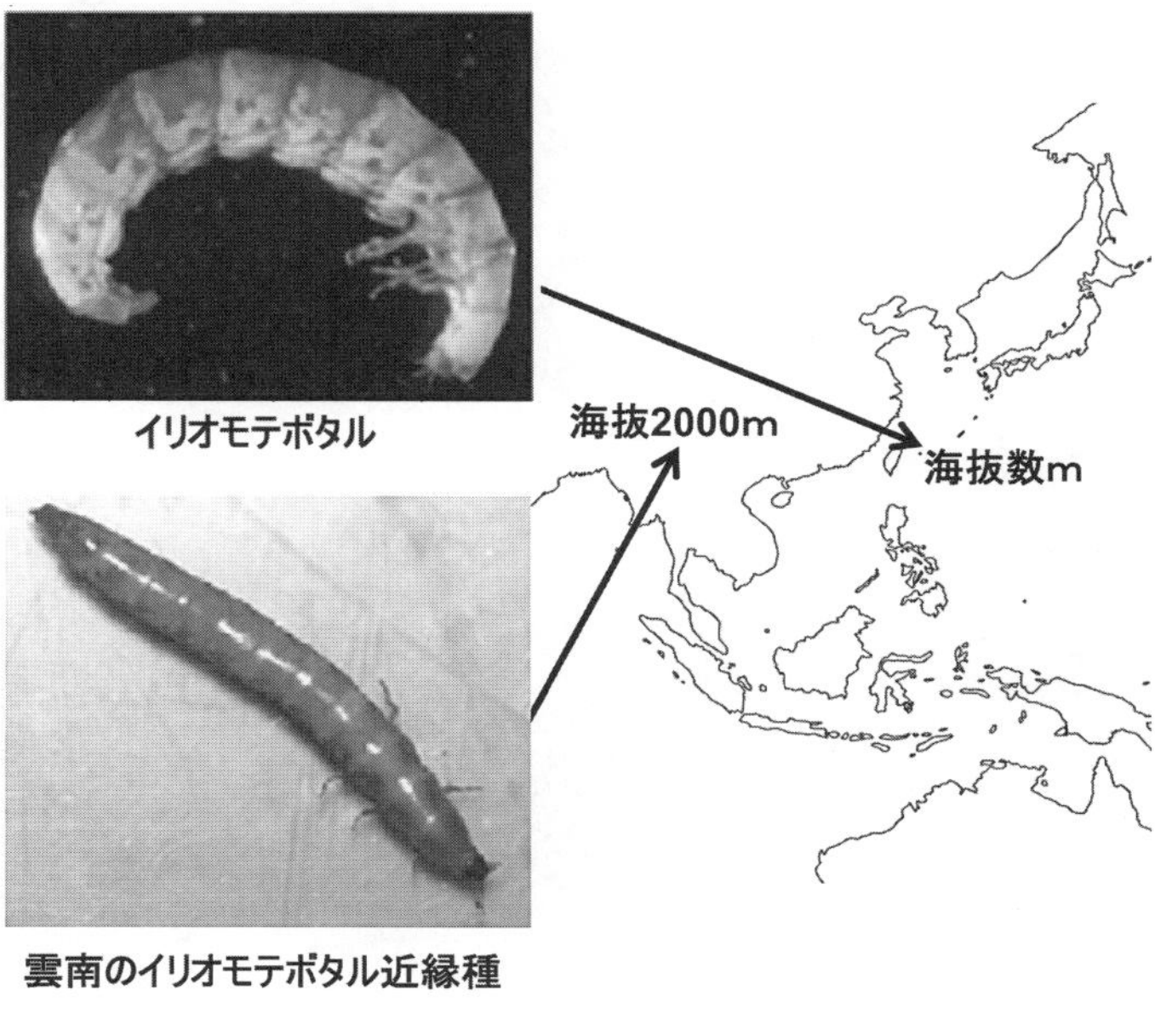

SECTION 25

世界のホタルの仲間たち

✦寒いところが好きなホタルがいた

中国雲南省では多くのホタルを見ました。同じ場所であっても同時に5～6種類のホタルが、また、季節が変わると違う種が採取できますので、最終的に何種類いるのか、わかりませんでした。そんな時、中国人研究者よりチベットにホタルがいるとの連絡を受けました。向かった先はチベット高原の南の端っこの香格里拉(シャングリラ)でした。8月の2週間程度しか見られないという事でした。そこは標高3300m以上の山の中、夜間になると気温は10

●シャングリラマドボタル

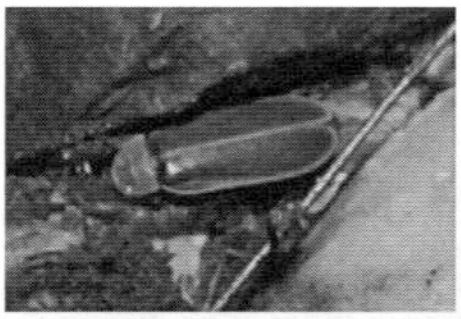

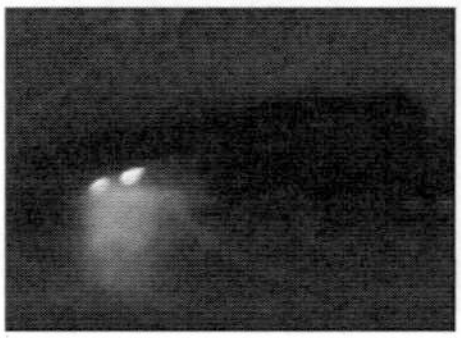

シャングリラマドボタルは、標高3300m以上の山の中に生息している。

度以下になりましたが、山の方から下りてくるホタル群を発見しました。寒くて、しかも空気が薄いので採取に苦労しましたが、マドボタルの仲間とダイアファネスという台湾の高地で見かけるホタル2種を採取しました。通常、ホタルは暖かい場所を好みますが、2種のホタルは例外もあることを教えてくれています。

マドボタルの仲間のルシフェラーゼをクローニングし、その酵素の性質を調べたところ、低温で良く光るものでした。生き物とは不思議なもので、酵素自体も低温の環境に適応したようです。いままで同定されたものの中で10度以下でも良く光るホタルルシフェラーゼはこれだけです。

●ホタルルシフェラーゼの反応温度の違い

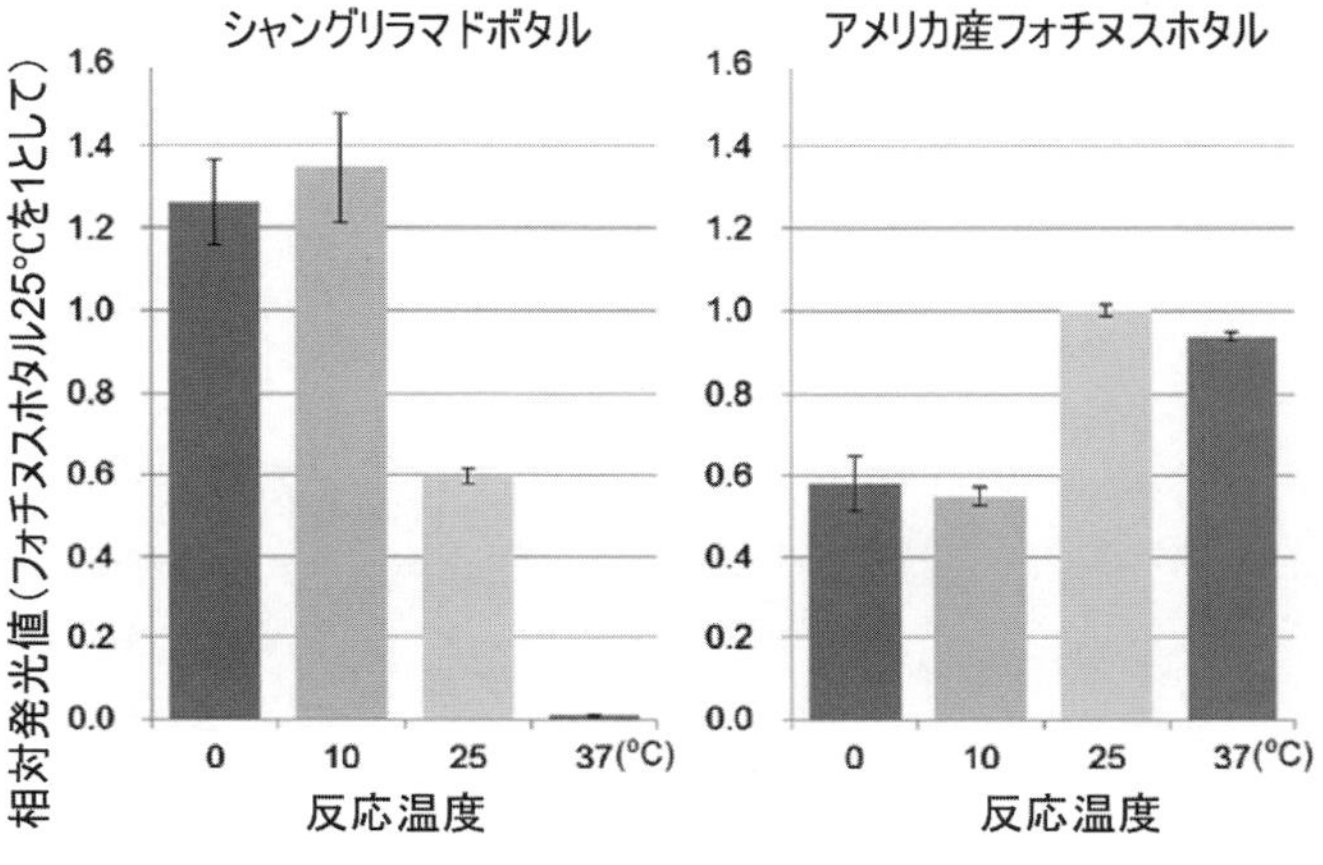

✦ブラジルのヒカリコメツキの光

ヒカリコメツキの最初の印象は数十m先から飛んでくる火の玉でした。コメツキ亜科は1万種ともいわれ日本にもいますが、発光するヒカリコメツキは中南米、カリブ海諸島とフィジー島などにのみ生息、体長はおよそ1～5㎝位と種によって異なります。成虫は背中部に2個の発光器と腹部に1個の発光器を持ちますが、背中の2個は点滅せず、強い光を放ち続けます。このことから、原住民の人々は灯りの代わりに使ったとか、また、踊る時に光る装飾品として利用したなどの伝承もあります。

●ブラジルとフィジー島のヒカリコメツキ

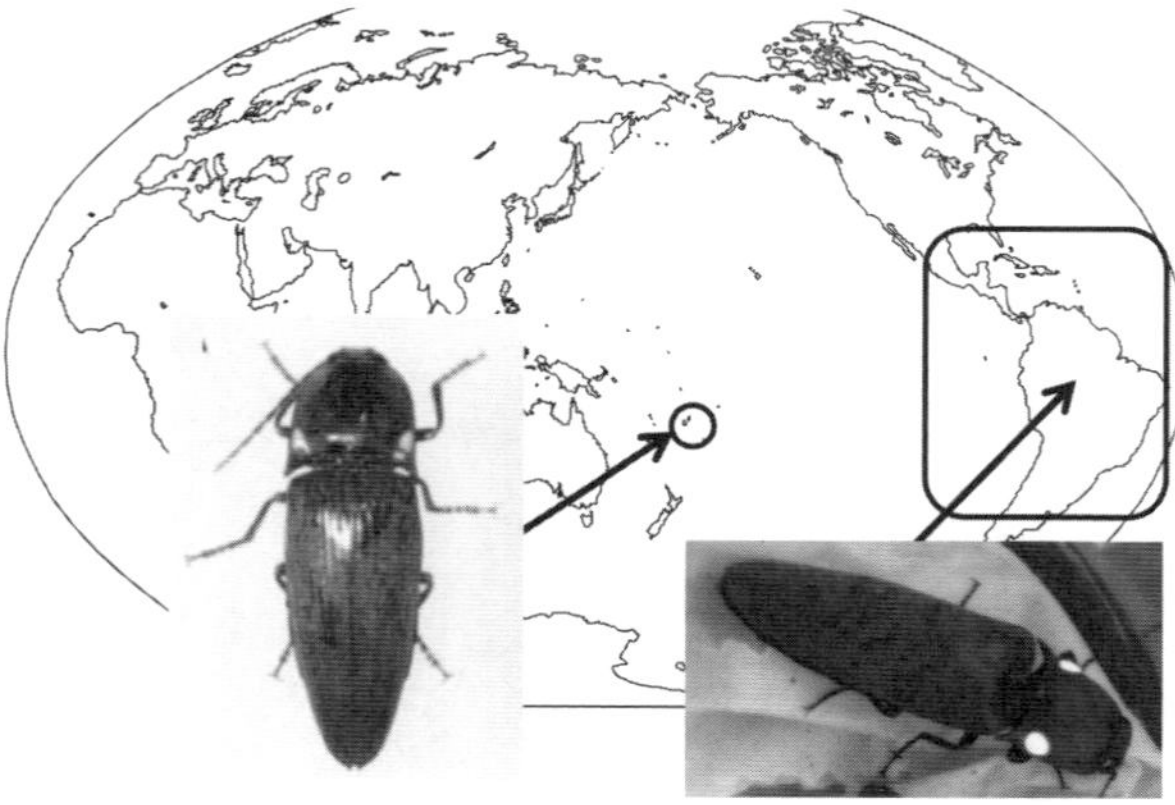

ヒカリコメツキは中南米と南太平洋諸島に生息する。フィジー島のヒカリコメツキの発光器は小さい。（提供：サンカルロス連邦大学　Vadim Viviani）

✦ヒカリコメツキの光は何のため？

ヒカリコメツキ自身は、この光を雌雄のコミュニケーションに活用しているようです。ブラジルの研究者によると、強い光を放ちながら種ごとに異なる飛翔パターンを示すそうです。そして、最終的にオスは腹部の発光器を見せ、同種であることを確認して交尾します。また、ブラジル・セラードというサバンナ地帯にはシロアリが作る多くの巨大な光るアリ塚がありますが、この光の正体はヒカリコメツキの幼虫です。例えば、発光魚の中には発光バクテリアが共生して光る種もいますが、発光生物と非発光生物の共

●ヒカリコメツキの幼虫が発光するシロアリのアリ塚

ブラジルのサバンナ地帯セラードにあるというサバンナ地帯にはシロアリのアリ塚にヒカリコメツキの幼虫が共生する。（提供：サンカルロス連邦大学　Vadim Viviani）

生が生み出すアリ塚の光は、他に類を見ないものです。

第４章で紹介しますが、ルシフェリン、ルシフェラーゼという言葉を生み出したデュボアは、はじめに西インド諸島のヒカリコメツキから、生物発光の原理を発見しました。ヒカリコメツキの光が生物発光の科学の原点です。

✦フィジー島にもいたヒカリコメツキ

フィジー島にもヒカリコメツキが生息するという情報はありました。2回ほどフィジー島本島で採取を試みましたが、採取できませんでした。そんな時、本島から船で1時間程度離れた周囲４㎞ほどのマナ島に生息するとの情報を得て、3度目の調査を行い、採取に成功しました。しかし、私たちが採取したマナ島のものには腹部に発光器はありませんでしたので、南米のヒカリコメツキとは少し異なっていました。

ルシフェラーゼの構造は多少似ていましたが、ミトコンドリアＤＮＡを調べた限り、お互いに遠い親戚という関係で、光らないコメツキがより近い親戚でした。どうして中南米とフィジー島にしか分布しないのかもわかっていません。特にマナ島という小さい島で、どのようにしてずっと生き残ったのか、とても不思議です。

ヒカリコメツキルシフェラーゼは最強

ヒカリコメツキルシフェラーゼ遺伝子を見る限り、ホタルとは少し異なっており、酵素の性質も少し違っています。ヒカリコメツキやイリオモテボタルのルシフェラーゼに共通している点があります。それは同じルシフェリンを使っていますが、ホタルルシフェラーゼは温度が高くなると、発光色は少し色が赤みを帯び、発光色は変化しますが、ヒカリコメツキのものは発光色が変化しません。

私たちが獲得したヒカリコメツキルシフェラーゼは最も緑色の光（最大波長535㎚）を放ち、発光の量子収率（光を生み出す酵素の効率）がホタルよりも高いということで、世界で最も強い光を放つルシフェラーゼです。

SECTION 26

鉄道虫は地球の奇跡

鉄道虫のメスは成虫でも幼虫と同じ形態で、イリオモテボタルに近い種です。ブラジル、アルゼンチン、パラグアイなどの南米でしか確認されていません。頭部に橙～赤色の光を放つ1つの発光器があり、13節ある体節には緑～黄色の光を放つ各々2個の発光器があります。大きいものでは5㎝程度のものもおり、夜間、森の中で点滅することなく2色の光を同時に放ちながら動く姿は、まさに鉄道列車です。

鉄道虫という名前はその姿を形容したもので、世界で最も変わった発光生物の1つです。頭部の発光は威嚇に用いられているようで、触った場合などより強く光ります。また、食欲旺盛で大好物のムカデやヤスデを外側の殻を残して食べきる姿は圧巻です。

私たちはブラジル、サンカルロス連邦大学のバディム・ビビアーニと一緒に赤色と緑色の発光を生み出すルシフェラーゼの遺伝子をクローニングしました。また、これらの遺伝子情報を基に、黄色や橙色に発光するルシフェラーゼを人工的に作製し、多くの応用研究に活用しています。応用例は第6章で紹介します。

●2種の鉄道虫の発光

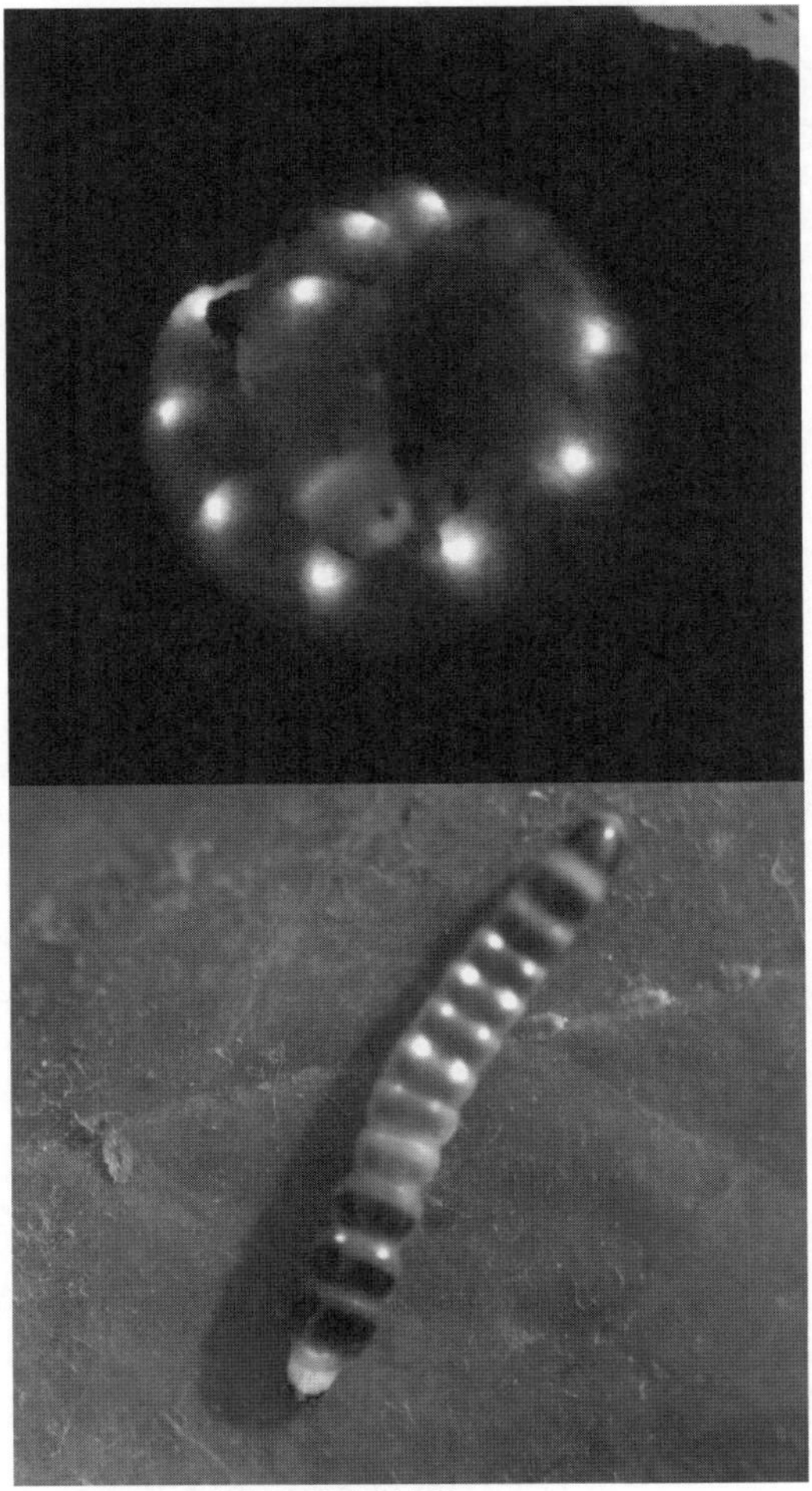

丸まっていると動物の目にも見える
(提供:サンカルロス連邦大学　Vadim Viviani)

SECTION 27

甲虫ルシフェラーゼの起源

ルシフェラーゼはタンパク質ですが、タンパク質の中には氏素性がはっきりしたものと、はっきりしないものがあります。はっきりしたものの代表がホタルルシフェラーゼです。

ホタルルシフェラーゼはアシルＣｏＡ合成酵素などを含むアシルアデニレート合成酵素の仲間に属します。図3-1の系統樹(タンパクの家系図)によれば、ホタルルシフェリンを基質とするルシフェラーゼ、アセチルＣｏＡリガーゼ群、そして植物系クマル酸ＣｏＡリガーゼ群の3つの集団となります。系統図をみると、アセチルＣｏＡリガーゼのみ、原核生物から真核生物までの生物種の中で広く存在しますので祖先型のタンパク質であることが示唆されています。

ルシフェラーゼの相同性に着目すると、ヒカリコメツキが、次に鉄道虫を代表とするホタルモドキやイリオモテボタルが、最後にホタル科へと分子進化したようです(分子進化とは、タンパク質の構造が時間の経過と共に変化し、現在の構造に進化したことを指す)。酵素の性質も違ってきており、ホタルは発光反応の条件、pHや温度などに依存して発光色を変えますが、鉄道虫、ヒカリコメツキ、イリオモテボタルのものは変わらず、緑は緑、赤は赤色に発光します。同じルシフェリンを使っていますが、こんなに違います。これはタンパク質の構造の一部の違いによるものですが、進化にも関わっているかもしれません。

●図3-1　ホタルルシフェラーゼ関連酵素の分子系統樹

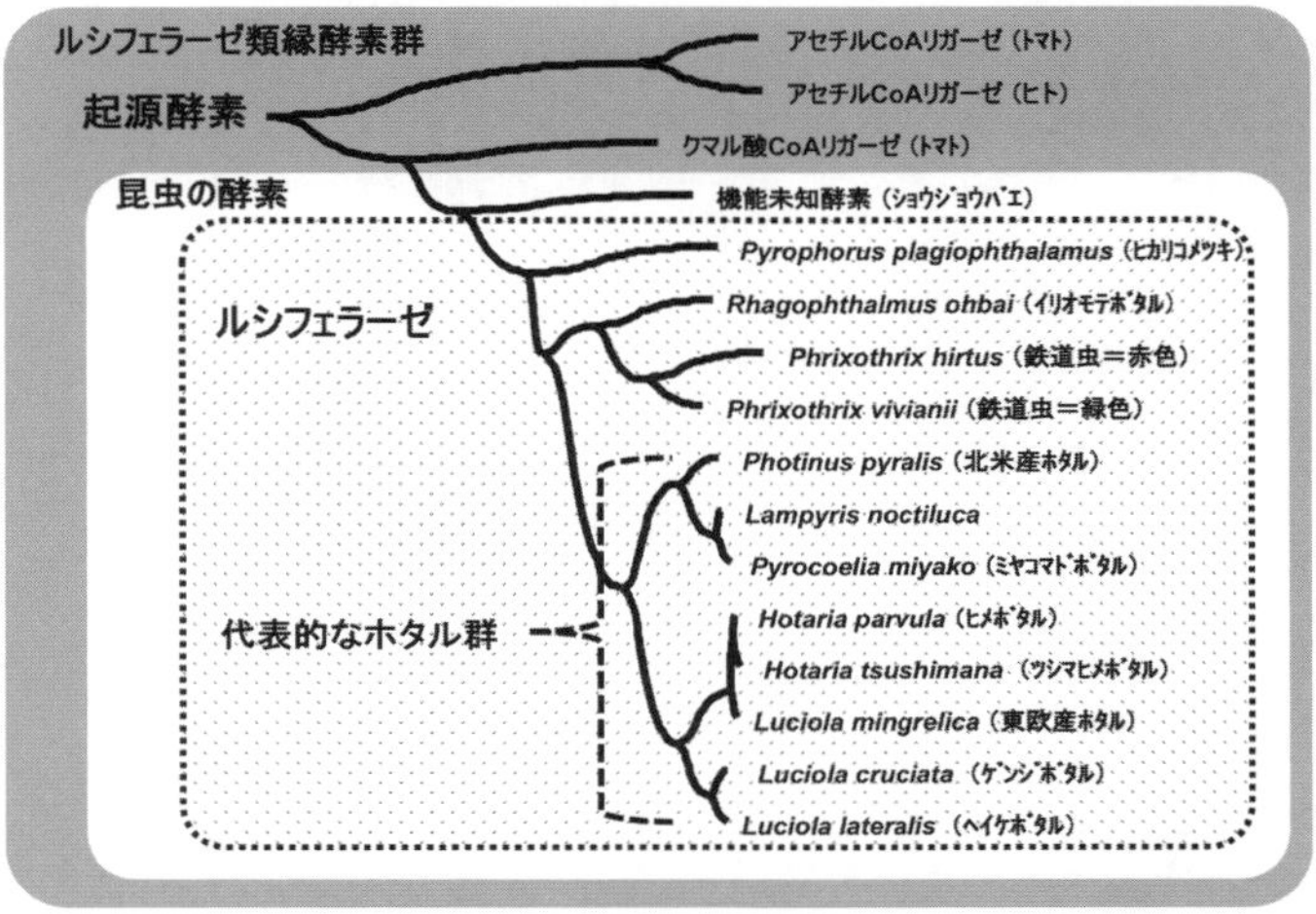

ルシフェラーゼ群、アセチルCoAリガーゼ群、植物系クマル酸CoAリガーゼ群の3つの集団を形成する。

SECTION 28

ウミホタルは日本の宝

ウミホタルはエビやカニに近い甲殻類ミオドコピダ目に属しますが、ウミホタルの仲間以外の大半の甲殻類ミオドコピダ目の近縁種は光らないです。また日本各地で簡単に採取できる発光生物ですが、世界的にはインドネシア、カリブ海やカリフォルニア沿岸部などの一部の生息地に限られます。ウミホタルは中高生の学習の教材として人気がありますが、これは日本だけです。ウミホタルは日本人に送られた大切な発光生物です。

ウミホタルは日本軍の秘密兵器?

太平洋戦争の時、日本列島の沿岸各地でウミホタルの採取が行われました。子供たちや老人たちが採取したそうです。採取したものは天日干しされましたが、決して食べるためではありません。ウミホタルの乾燥品はすべて大日本帝国陸軍に納入されたのです。ウミホタルは乾燥させておけば、何年たっても乾燥品に水を加えれば光ります。陸軍では、夜間の合図にウミホタルの光を使おうと考えたのです。乾燥品は密封され南の島の戦地に送られたそうですが、使おうと思った時にはウミホタルが湿気っていて、発光する能力は失われていたそうです。太平洋戦争後、アメリカ軍は、残っていた乾燥ウミホタルを持ち帰り、アメリカの研究者に渡したそうです。

ウミホタルの容姿は?

ウミホタルの仲間は化石種を含めると約10万種も存在し、日本周辺では約500種程度が知られていますが、発光種はきわめて少ないです。ウミホタルの外観は2枚貝状で体長2〜3㎜、体幅1〜2㎜、大きな目が特徴です。メスはオスに比べると少しだけ大きく、メスは殻内に50個ほど抱卵します。オスメス共に昼間は水深数10㎝〜数mの

●ウミホタルの容姿

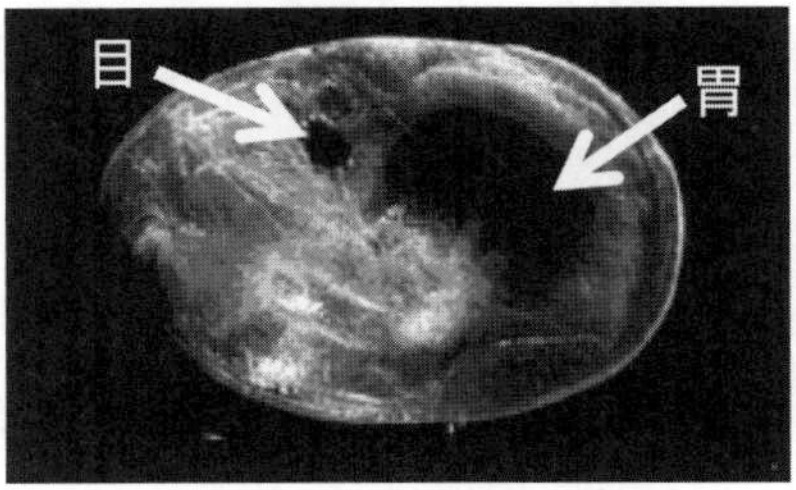

海底の砂の中に隠れています。食欲が極めて旺盛で、夜間になると2対の触手を用いて巧みに遊泳し死魚の肉などをエサとします。なお、採取可能なウミホタルVargula hilgendorfiiはベントスと呼ばれる底生生物ですが、日本の沿岸には太平洋を漂う浮遊性ウミホタルCypridina noctilucaもいます。この浮遊性のものは底生のものに比べて一回りほど小さいです。

なぜ、ウミホタルは光るの?

ウミホタルの体内には別々にルシフェリンとルシフェラーゼが貯蔵されています。敵に襲われた時など、2つの物質を水中に勢いよく吐き出すことで光の煙幕をはり、自らの姿を発光で隠します。あるいは、敵を光で脅かしているのかもしれません。一方、アメリカの研究者によ

●ウミホタルの発光

ウミホタルが刺激によってルシフェリン・ルシフェラーゼを分泌し発光する。

ると「カリブ海に生息するウミホタルは、ルシフェリンとルシフェラーゼをゆっくり吐き出す光のディスプレイで求愛、ホタルと同様に雌雄の交信に用いている」という説もあります。私たちの仲間の一人は沖縄の海でウミホタルを水中で観察しましたが、光のダンスを目撃できなかったそうです。ただし、ウミホタルのメスとオスを詳しく観察したところ、交尾のタイミングは新月の夜と考えられ、真っ暗闇の中、発光は何らかの役割をする可能性はあります。

ウミホタルの一生？

ウミホタルのメスは産卵した後、ふ化するまでの間、殻の内部に抱卵します。抱卵期間はおよそ10日間くらいです。ふ化直後の個体をA－5齢とよび、5回の脱皮（↓A－4↓A－3↓A－2↓A－1↓）を経て成熟した成体Aになります。ただし、ふ化したばかりの個体と成体の形態に大きな変化がなく、縦横、斜めにほぼ同じように大きくなっていきます。なお、成体になると長いもので半年ほど生き続けます。また、産卵時期ですが、南の沖縄などでは、年中行われているようですが、本州では夏場の時期には産卵は減少します。こんな点からも日本列島のウミホタルは南西諸島と本州には少し違いがあるようです。

✦ウミホタルの採取法は？

底生生物のウミホタルを採取するには、この旺盛な食欲を利用します。始めにマヨネーズ瓶やコーヒー瓶のふたに直径5㎜ほどの穴を10個程度開け、それを10ｍ程度の丈夫な紐に繋げます。エサは鳥肉や魚肉、時にはかまぼこやちくわで代行できます。エサを瓶に入れ、日没のおよそ30分後、ウミホタルが生息しそうな場所に投げ込み、30分程放置した後に回収すれば採取できます。ウミホタルの採取は暑すぎず寒すぎずの春や秋が絶好のタイミング

●ウミホタルを採取するためのトラップ

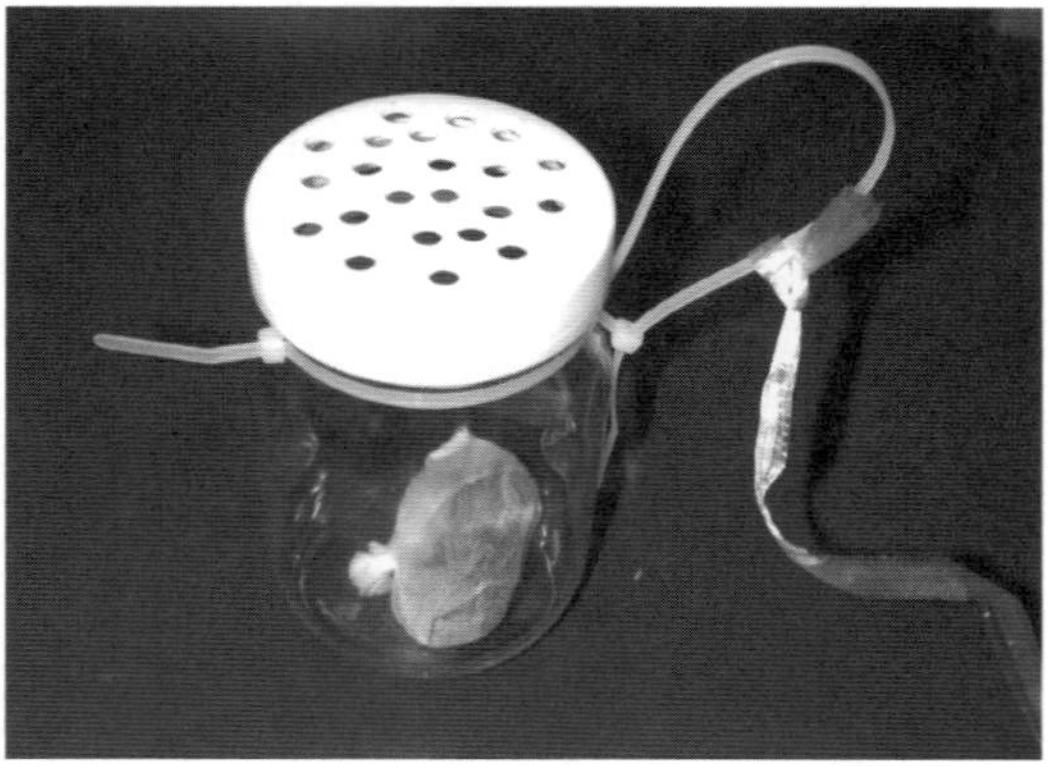

です。また、真水を嫌うので川の近くや雨の日は避けた方が良いです。きれいな海水と砂、エアポンプがあれば、自宅の水槽で飼育可能です。エサは海水が汚れない程度のごく少量で問題ありません。

✦ウミホタルはどこから来た?

私たちはウミホタルが好きすぎて、日本のどこにウミホタルがいるのか生息地を調査しました。北は青森から南は台湾の南端まで、島も佐渡、隠岐、対馬をはじめ南西諸島を含むおよそ320カ所を調査、47カ所で採取に成功しました。併せてすべての地点のサンプルのミトコンドリア遺伝子を調べました。

その結果、日本列島のウミホタルはトカラギャップより北の本州、四国、九州沿岸部および近くの島々が1つのグループに、トカラギャップより南の奄美大島、沖縄本島、宮古島、八重山諸島の個々の4つのグループに、はっきりと分類されます。トカラギャップは黒潮が蛇行する奄美列島と本州を仕切る場所が1つの分岐点ですが、ここはウミホタルにとっても分岐点です。

私たちが考えるに、ウミホタルは黒潮に乗って南から北上、トカラギャップを越えるのに苦労したようですが、越えた後は急速に本州沿岸部に、その勢力図を拡大したのでしょう。これは、ウミホタルの遊泳能力をつかさどる2対の触手の機能が不十分なため、遠くまで泳ぐことができなかったものと考えられます。とはいえ、ウミホタルは黒潮が海洋生物の拡散を助けていた極めて面白い例の1つです。

さて、ウミホタルはどこから日本列島に来たのでしょうか？　私たちは台湾以南を調査中ですが、まだ、採取に成功していません。

●ウミホタルを採取した地点

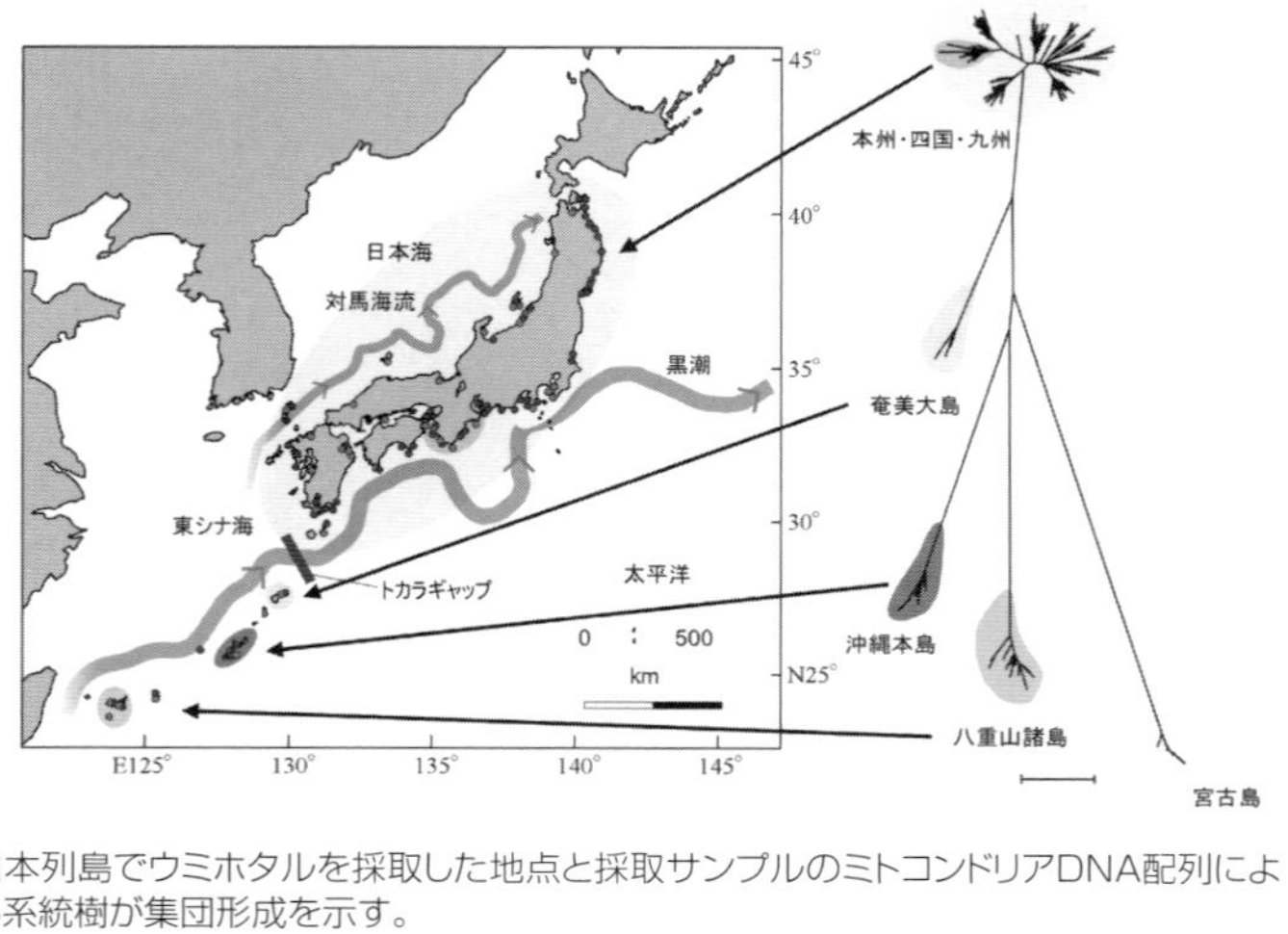

日本列島でウミホタルを採取した地点と採取サンプルのミトコンドリアDNA配列による系統樹が集団形成を示す。

ウミホタルの発光の仕組みは？

ウミホタルは上唇腺という場所にルシフェリンとルシフェラーゼを別々に貯蔵し、刺激が加わると、噴出して青色の発光の煙幕を作ります。ルシフェリンは3つのアミノ酸（アルギニン、トリプトファン、イソロイシン）から生合成可能なイミダゾピラジノン骨格構造です。世界で初めて本ルシフェリンの結晶化に成功したのが若き日の下村脩です。

ルシフェリンは酸化されエネルギー状態の高いジオキセタン構造を経て励起状態のオキシルシフェリンとなり、基底状態に移る際に光を発します。ウミホタルの発光はホタルと異なりＡＴＰなどの補因子を必要としない単純な酵素反応ですが、ホタルの次に高い発光反応の量子収率（約０・３）です。この反応を触媒するルシフェラーゼは分子量約6万の糖タンパク質です。また、ウミホタルルシフェラーゼ遺伝子を哺乳類細胞に導入すれば、合成されたタンパク質は細胞外に分泌します。面白いことに、ウミホタルルシフェラーゼと構造が近いタンパク質は見つかっておらず、どのようにして、このタンパク質が生まれたか不明です。

SECTION 29

光る赤潮の正体は、渦鞭毛藻類

毎年、夏が近づくと新聞記事に登場する光る海の正体は、夜光虫などの発光性プランクトンの渦鞭毛藻（虫）によるものです。一般に、夏場になると河口沿岸部では海水が富栄養化、プランクトンが異常増殖し赤潮が発生します。この赤潮の中には多くの植物、動物プランクトンが含まれていますが、発光性の渦鞭毛藻類も増殖することがあり、光を放っています。

光る海の目撃談は世界中にあります。カリブ海の島での光る海の海水浴の映像もしばしば放映されていますので、ご覧になった方もいると思います。歴史的には、キャプテンクックの航海日誌の中の目撃談などが有名です。飼育可能であることから発光性渦鞭毛藻の研究も古くから行われています。

発光性渦鞭毛藻類って何?

藻類は原生生物の1つですが、藻類の定義はわかりにくく、また、進化的なつながりのないものも含めて藻類と呼ばれます。通常、真正細菌であるシアノバクテリア(藍藻)から、単細胞真核生物である珪藻、黄緑藻、渦鞭毛藻など、あるいは紅藻、褐藻、緑藻などの多細胞生物のことを指します。共通の考え方は地上に生息するコケ植物、シダ植物、種子植物を除く光合成できる生物を指しています。その中でも渦鞭毛藻は2本の鞭毛を持つ藻類の総称です。

ユニークな渦鞭毛藻たち

渦鞭毛藻類はおよそ2000種いると言われています。赤潮の構成員の1つですが、フィエステリアのような毒性の高いものもいます。発光する種は多くなく、リングドリウムLingulodinium polyedrum(以前はゴニオラクスGonyaulax polyedrumと記載)、パイロシステスPyrocystis lunulaなどです。一方、光合成能を持ち合わせないヤコウチュウNoctiluca scintillansもこの仲間であるとされています。形も多様で、硬い殻に囲まれたもの、ゾウリムシのようなものまでいます。またマラリア原虫にも近いと考えられますが、いずれにしても分類の難しいユニークな藻類の仲間です。

✦研究用モデル発光性渦鞭毛藻はリングドリウム

赤潮の研究ではヤコウチュウがモデル生物(使いやすく象徴的な研究材料(生物)ということ)ですが、生物発光や体内時計(24時間周期で生理現象が変化する生物個体内の仕組み)の研究においては、リングドリウムが50年

●リングドリウム、パイロシステス

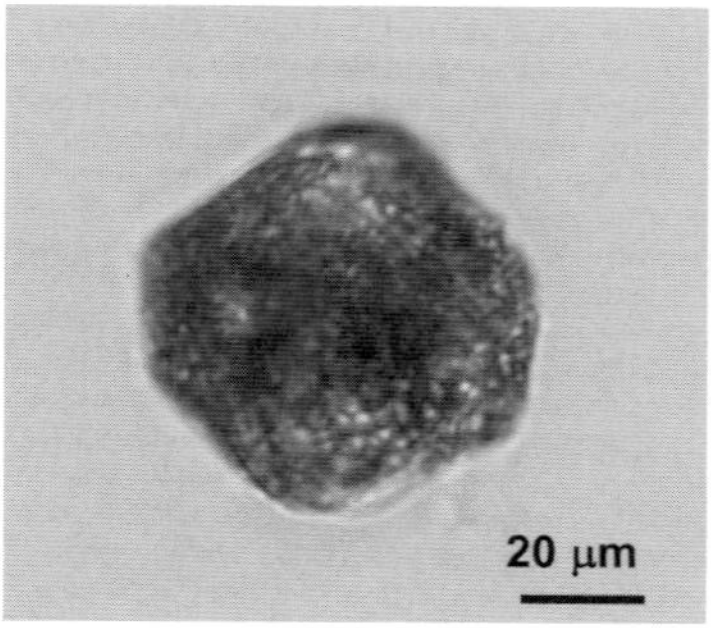

リングドリウム
Lingulodinium polyedrum

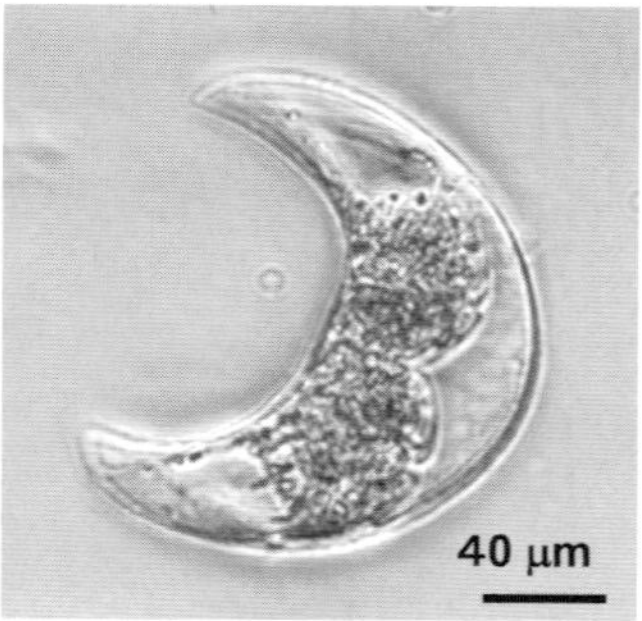

パイロシステス
Pyrocystis lunula

リングドリウムLingulodinium polyedrum、パイロシステスPyrocystis lunulaの実体顕微鏡写真。

以上前から格好の研究対象、モデル生物となっています。これは、光合成、運動性、生物発光、細胞分裂などの生理現象が厳密に体内時計に管理されていることによります。

リングドリウムを太陽光に近い光で培養すると24時間周期で生理現象が制御されますが、青色光のみの環境で生育すると24時間よりも早まり、赤色光のみの場合では逆に遅くなります。この体内時計の変化を容易に観察できるのが、生物発光の光です。

SECTION 30

渦鞭毛藻類の光る仕組み

発光は夜間しかできない?

直径約40㎛のリングドリウムの中には、夜間のみ0・5㎛程度の大きさの細胞内小器官シンチロン(油滴のようなもの)が出現し、この中にルシフェリン、ルシフェリン結合タンパク質、ルシフェラーゼの3つが存在します。刺激によって一個体あたり100ミリ秒間に強い光を発し、これがフラッシュ発光と呼ばれるものです。一方、明け方2~3時間にかけて見られるのがグロー発光と呼ばれる刺激に非依存的な、フラッシュ発光に比べて非常に弱い自発的な光です。これは、明るくなる時間に近づくと徐々にシンチロンが分解するためです。いずれにしても夜間にしか光る仕組みはできません。

✦シンチロンの中で何が起きているの？

リングドリウムに外部から刺激が加わると細胞表面に歪みが生じるか、あるいはそれを感知するセンサーのようなものを通じて、シンチロン内にプロトン（水素イオン）が流入します。すると内部のpH環境がアルカリまたは中性から酸性になり、ルシフェラーゼが酵素の最適pH（酵素反応が起きやすい条件）に達し活性化されます。

一方、ルシフェリン結合タンパク質はルシフェリンの酸化を保護するためアルカリ環境下ではルシフェリンと結合し酸

●シンチロン

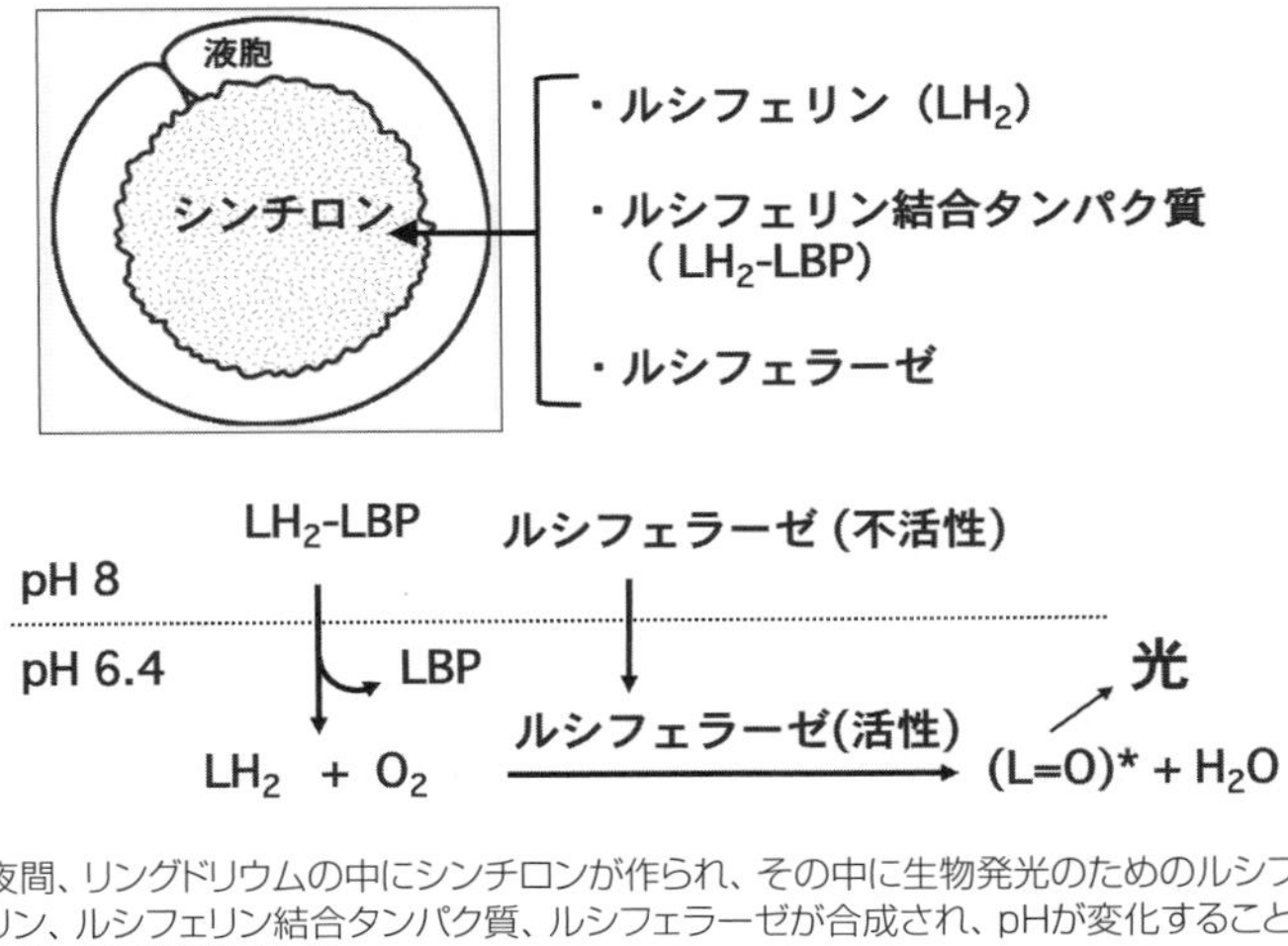

夜間、リングドリウムの中にシンチロンが作られ、その中に生物発光のためのルシフェリン、ルシフェリン結合タンパク質、ルシフェラーゼが合成され、pHが変化することで化学反応が開始される。

化を防ぎますが、シンチロン内のpH環境が酸性になることで、ルシフェリンとタンパク質の結合がなくなり解放され、発光反応に必要なルシフェリンとなります。つまりシンチロン内部が酸性状態になることでルシフェリン・ルシフェラーゼ反応が起き、発光します。

✦光合成で使ったクロロフィルがルシフェリンに

全ての発光性渦鞭毛藻のルシフェリンは同一の構造を持ち、テトラピロール環を有しています。テトラピロール環を有するルシフェリンを持つ発光生物にはオキアミもいますが、構造は少し異なっています。ルシフェリンの絶対立体配置を調べた結果、ルシフェリンの基本骨格はクロロフィルaと同一です。そこで、私たちは生きたリングドリウムでトレーサー実験(ある特定の物質をラベル化し追跡すること)を行い、ルシフェリンがクロロフィルaから作られることを明らかにしました。よって、クロロフィルを持っていないオキアミは食物連鎖を利用してルシフェリンあるいは類縁体を獲得した可能性があります。

ルシフェラーゼはどうして酸性で反応するの？

酸性にならなければルシフェラーゼは活性化されません。どうしてでしょうか？　リングドリウムのルシフェラーゼは分子量14万の比較的大きなタンパク質です。ただし、この中にはお互いに構造が似た分子量４万程度の3つのドメイン（立体の構造体）から成り立っています。面白いことに1つのドメインでもルシフェラーゼとして機能します。ここで重要なのは各ドメインにあ

●リングドリウムのルシフェラーゼ

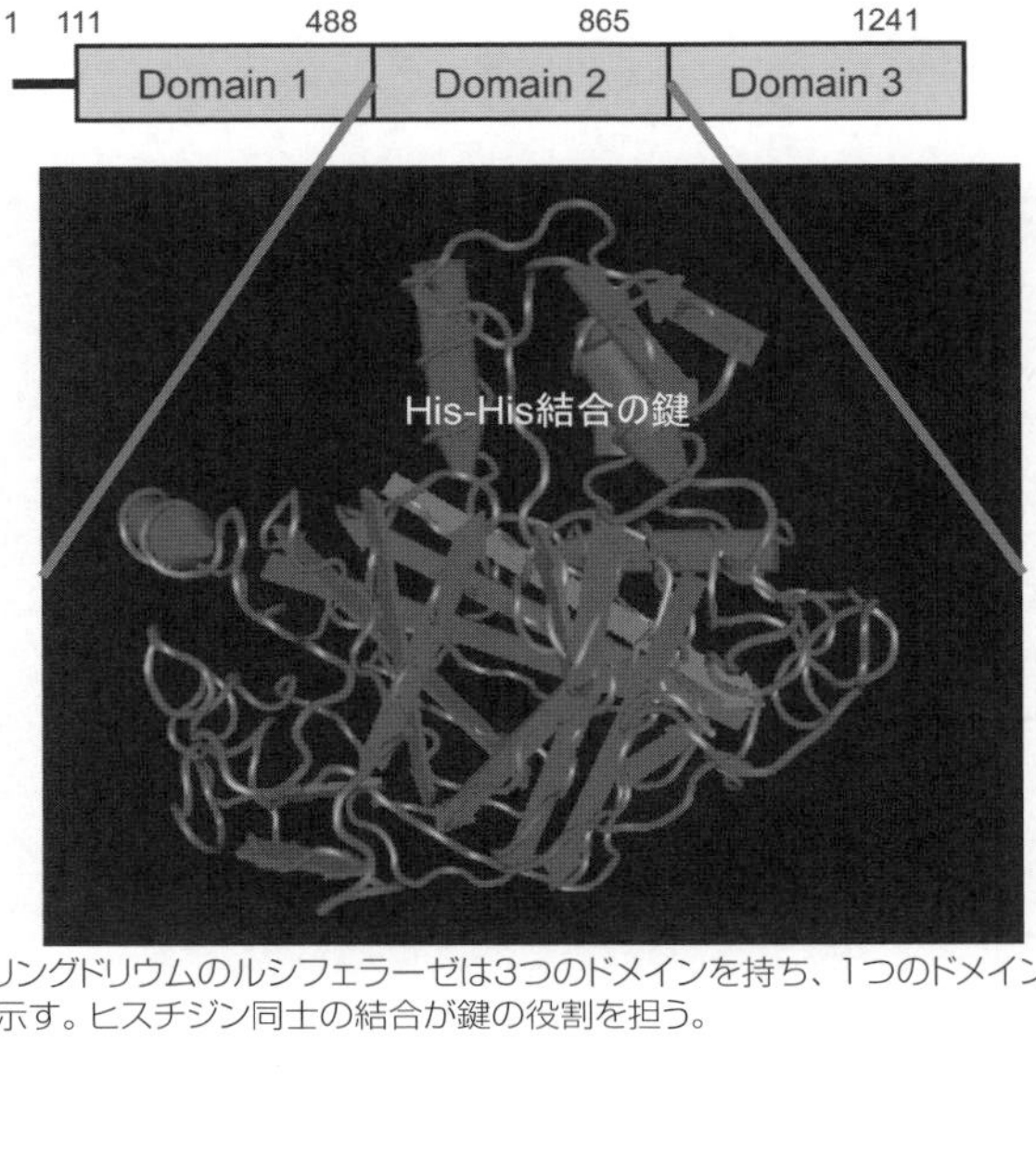

夜間、リングドリウムのルシフェラーゼは3つのドメインを持ち、1つのドメインの立体構造を示す。ヒスチジン同士の結合が鍵の役割を担う。

る6つのヒスチジンというアミノ酸残基です。6つのヒスチジンはアルカリ条件下でお互いに結合しルシフェラーゼは鍵がかかった状態になっています。シンチロン内が酸性になると、ヒスチジン同士の結合がなくなり鍵が開いた状態となり、ルシフェリン・ルシフェラーゼ反応が起き、光を発するのです。

✦ヤコウチュウは特別

ヤコウチュウのルシフェラーゼはリングドリウムのルシフェラーゼのドメインの一部とルシフェリン結合タンパク質の一部がハイブリット（融合）し、1つになった珍しい構造です。6つのヒスチジンがないことから鍵がかかっていない状態で、アルカリでも酸性条件下でも発光します。ルシフェリン結合タンパク質の一部が発光を制御しているかもしれませんが、十分に解明されていません。また、光合成する能力を自前では持っていないので、どのようにルシフェリンを獲得するかも不明です。1つの説として、共生する緑藻からクロロフィルを得ているのかもしれません。本当にわからないことばかりです。

SECTION 31

渦鞭毛藻類の光は体内時計が制御

体内時計研究に大きく貢献したリングドリウム

私たちの身体の中には体内時計があり、地球の自転に合わせて24時間周期で生理現象が制御されています。体内時計研究の歴史をたどると、1950年代から盛んになりました。その当時からリングドリウムは体内時計の研究者にとって貴重なモデル生物でした。なぜなら、発光が24時間周期で変化し、体内時計の計測が容易だったからです。

ハーバード大学のヘイスティングはリングドリウムの光を数週間にわたり全自動で計測する装置を作りました。第6章でも紹介しますが、後年、体内時計の研究では生物発光の仕組みを光らない生物に導入し細胞内の体内時計を可視化する研究が盛んになりましたが、まさにリングドリウム研究がその発想の原点となっています。

✦リングドリウムの体内時計は巧妙

私たちは明期12時間／暗期12時間とした外的環境下に生息するリングドリウムを2時間毎に回収し、日周変動を示す細胞内タンパク質群を探しました。その結果、約900種中24時間周期で変動するタンパク群の中から30種あまりを単離、その変動パターンが大きく3種類に分類できることを明らかにしました。

パターン1は明期中盤に増加、暗期中盤に減少するもの、パターン2は暗期前半に増加するもの、そしてパターン3は暗期後半に増加するものでした。パターン2では生物発光に関係するルシフェリ

●リングドリウムのタンパク質群の変動パターン

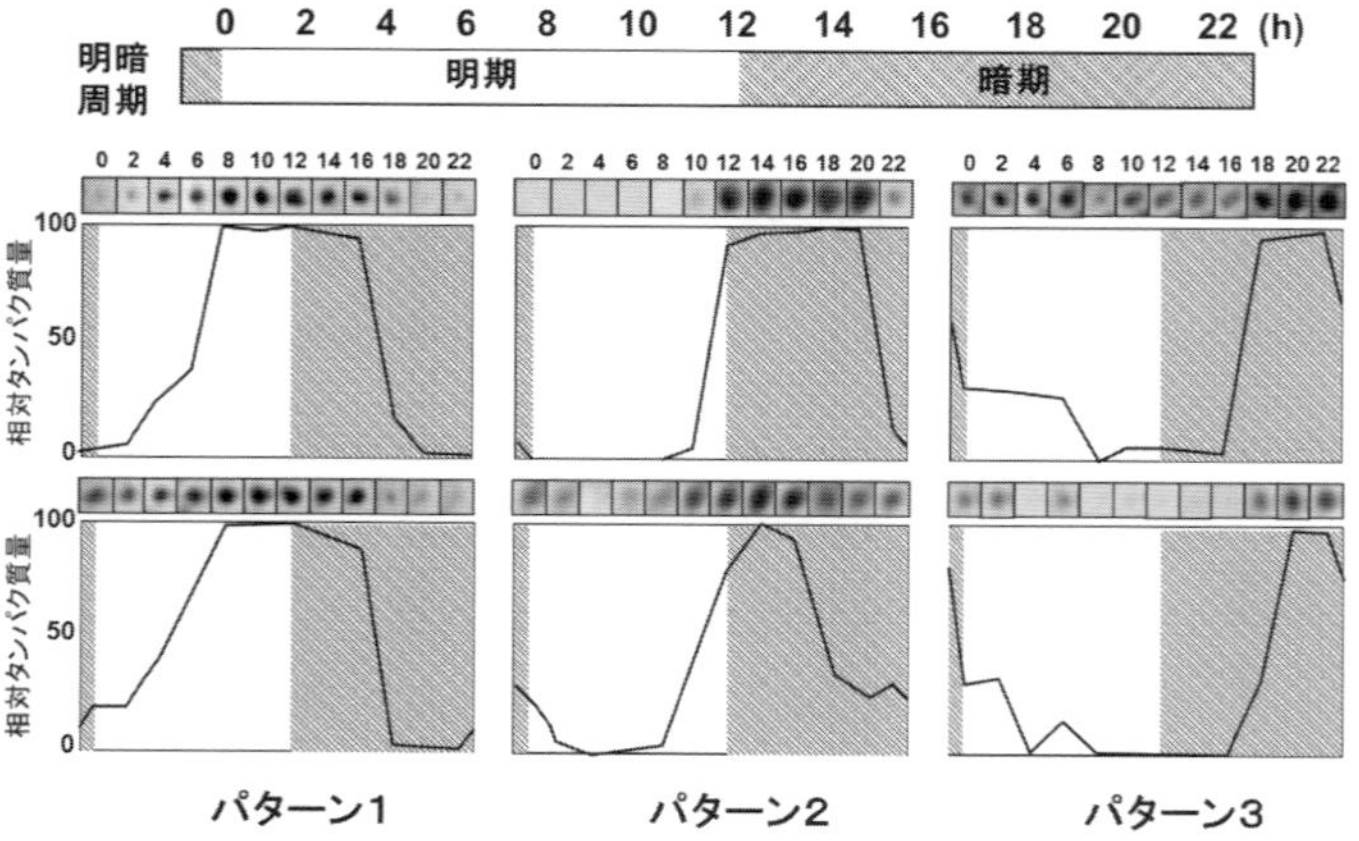

12時間明暗周期で変動するリングドリウムのタンパク質群は、代表的な3つの変動パターンがある。

ン結合タンパク質が、パターン3では細胞分裂に関わるタンパク質が確認され、タンパク質量の変動がリングドリウムの生理現象と相関していました。

リングドリウムは謎ばかり

一般に細胞内でタンパク質が作られる場合、DNA内のタンパク質をコードする遺伝子情報がRNAに転写され、次にRNAはリボソームタンパク質群と結合してRNA情報が翻訳されタンパク質となります。タンパク質量をコントロールするのは転写する過程です。しかし、リングドリウムなどの渦鞭毛藻は違っています。ほぼすべてのタンパク質のRNA量は常に一定で、翻訳する過程でタンパク質量が決められています。このことから多くの生理現象は遺伝子発現レベルで制御されるのではなく、遺伝子の翻訳部分で制御されていることになりますが、そのメカニズムは未解明です。このように、発光性渦鞭毛藻類に関し多くの知見が得られていますが、多くの不明な点が残されたままです。

SECTION 32

ニュージーランドにしかいない発光貝ラチア

これまで紹介したように海洋には多くの発光生物が生息しています。一方、淡水に生息するものは、例えばゲンジボタルの幼虫がいるにはいますが、これは幼虫期にのみ水の中で生活、成虫になれば陸に上がります。一生淡水の中で生活する発光生物はニュージーランドにしかいない発光貝ラチアだけです。

貝の仲間に光るもの

貝類は軟体動物の斧足綱や腹足綱に属します。斧足綱に属する発光カモメガイ（フォラスPholas）で古くからヨーロッパでは光る液を出すことが知られていました。腹足綱に属する発光生物、異鰓上目発光カサガイ（ラチアLatia）や新生腹足上目タマキビモドキなどです。また、発光カタツムリもこの仲間になります。タマキビモドキは世界中に分布し、日本でも八丈島などに生息しています。一方、ラチアはニュージーランドしか生息が確認されていません。

✦ラチアが住む国は?

ラチアはニュージーランド北島の渓流に生息しています。ニュージーランドは緑豊かな大自然の残る場所と思いがちですが、実際はほとんどの場所が一旦、焼き払った後に牧場などの緑の大地になっています。したがって原風景を残す場所はごく少なく、自然公園以外だと一部の渓流周辺になります。ここに立つとニュージーランド北島はシダ類が多く、植物相が豊かであることがわかります。不思議なことに光る貝ラチアがニュージーランドにしかいないことを知っている国民は、ほとんどいません。なぜなら、アラキノカンパのような観光資源になっていないこともありますが、とにかく目立たない存在だからです。

ラチアはどんなところにいるの？

私たちは主にハミルトン市の南西に位置するピロンギア山周辺の川幅数mのきれいな渓流でラチアを採取しました。ラチアは流れの遅い場所にはいませんが、比較的流れの早い、そして大小の石の混じる場所に生息しています。水深10㎝から深くても40～50㎝ですので、胴長を付けていれば、十分採取可能です。

ラチアは石の裏側や側面にしっかりとへばりついています。採取後もバケツの側面にへばりついて、取り出すのに苦労するほどです。採取は夏でも冬でも可能ですが、冬は冷たく10分もすれば、手が凍えます。エサは藻類で、エサの豊富な夏場の方が大きいものが多く、直径1㎝を超えるものもあります。

●ラチアの生息場所

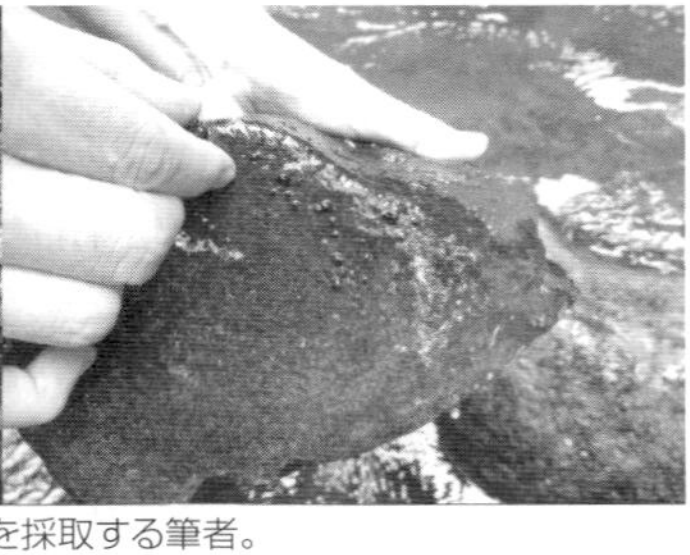

(左)ニュートン・ハーベィの渓流でラチアを採取する筆者。
(右)岩に張り付いたラチア。

✦どんな時に光るの？

ラチアを10年以上にわたり採取しましたが、自然に光る光景を見たことがありません。ラチアは刺激を与えると外套膜から緑色の光の粘液をだします。とても明るい光で薄暗い部屋でも十分に観察できます。

第1章でも記しましたが、発光の生物学的な活用として、光の玉の粘液を放出することで、相手の目線を光にひきつけ自分の身を守っている説がありました。しかし、現在の北島の渓流にはラチアの天敵となるような魚や動物を見つけるのは大変難しいです。渓流は澄んでおり、水中昆虫も少ないのがニュージーランドの現在の自然です。自然環境が激変した今のニュージーランドで目線を外す相手を探すのは大変難しいです。

●ラチアの発光

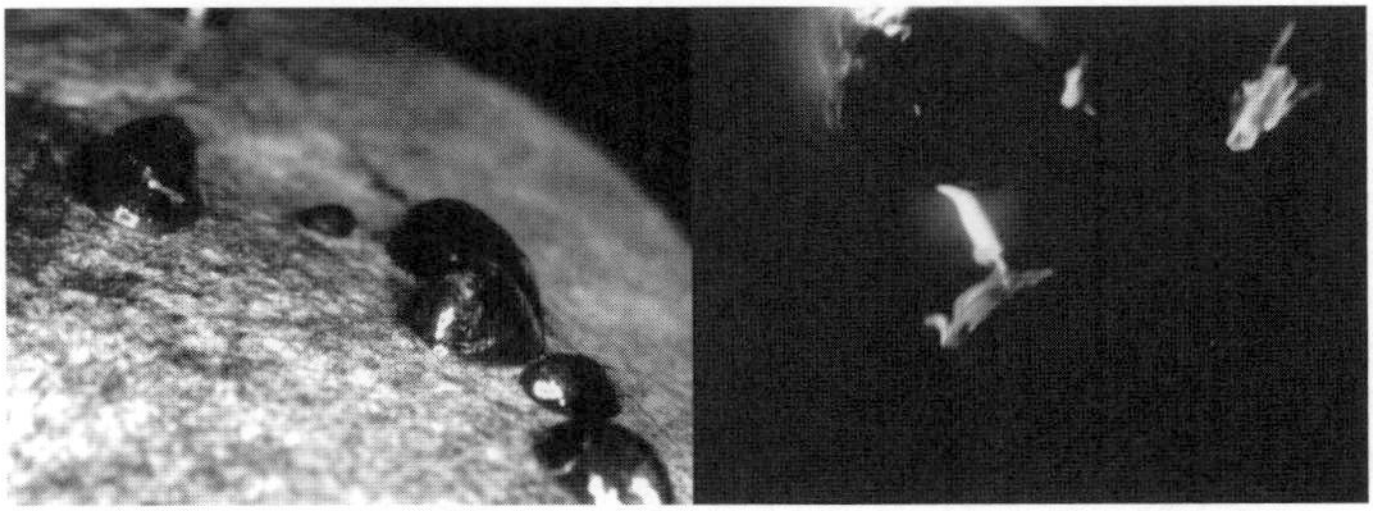

（左）ラチアのクローズアップ写真。
（右）刺激を与えると発光液を分泌するラチア。

SECTION 33

ラチアの光る原理

19世紀後半には、発光する貝ラチアがニュージーランドに生息すると報告されていました。この研究を本格的に進めたのが、第４章で紹介するハーベィや下村脩らです。その後、我々もまた、挑戦しましたが、十分に解明されていないのが現状です。では、どこまでわかったのか説明いたします。

ラチアはL-L反応

ラチアをドライアイスで冷凍したものを乳鉢ですりつぶすと発光を観察できます。同様に、乾燥した試料に水を加えても発光を観察できます。常套手段としてラチア破砕物を水抽出したものと、温水で抽出したものを混ぜると発光が観察できます。よって、ラチアは典型的なルシフェリン・ルシフェラーゼ反応による生物発光です。

✦ルシフェリンの構造を決めたのは下村脩！

比較的簡単にラチアのサンプルを得ることができたことから研究は進み、1972年、下村とジョンソンは連名でラチアルシフェリンの構造を発表し、併せて発光メカニズムを提案しました。また、ルシフェラーゼも分子量17万3千くらいのタンパク質であることを明らかにしました。

ユニークなことにルシフェリンの化学構造は、これまで知られているものとは全く異なっていました。また、反応後に二酸化炭素はできますが、それ以外にギ酸も合成されるという変わった反応です。また、この反応にはパープルプロテイン（紫色タンパク質）が関与していると考えられました。

●発光貝ラチアの発光の化学反応

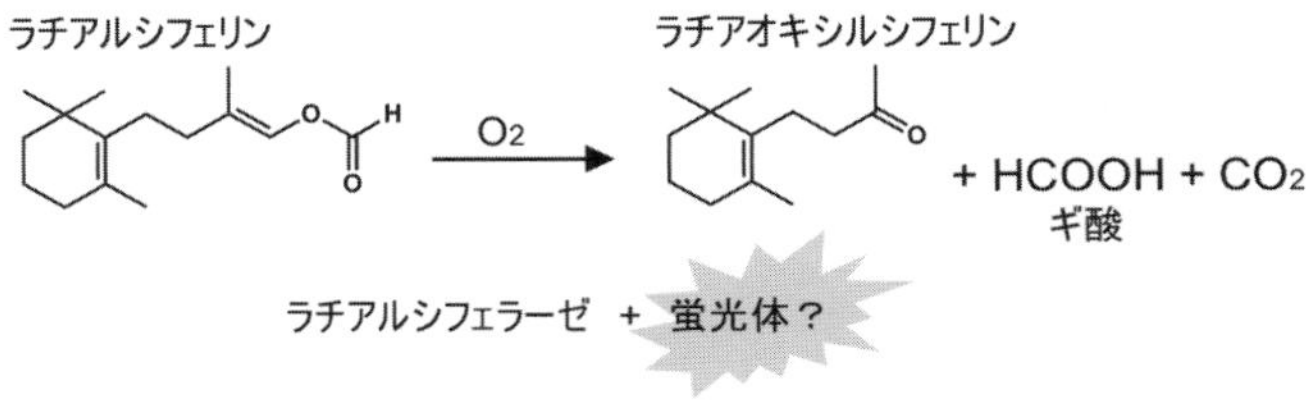

✦ルシフェラーゼは6つのタンパク質で構成される

1970年代にルシフェリンの構造が決定され、ルシフェラーゼの構造が大まかに提示されたのですが、その後、研究は進展しませんでした。

私たちは1990年代から採取をはじめ、2000年代にラチアのルシフェラーゼの全体の分子量は18万程度の糖鎖のついたタンパク質だが、同じサイズの分子量3万のタンパク質が6つ集まっている六量体であることを明らかにしました。ただし、1つずつのタンパク質はルシフェラーゼとしては機能しませんでした。また、1970年代には反応に必要と考えられていた紫色タンパク質が、反応には関与しないことも明らかにしました。

✦残ったミステリー

研究は現在も続けていますが、わからないことが明らかになるばかりです。通常、ルシフェリンの酸化体、オキシルシフェリンが蛍光性を持っているので、励起状態から基底状態に移るときに発光します。

ラチアのオキシルシフェリンには蛍光性がありません。おそらくエネルギー移動という現象が、つまり、ルシフェリン・ルシフェラーゼ反応でできる励起されたオキシルシフェリンが生み出すのはエネルギーのみで、このエネルギーがタンパク質内の何らかの蛍光体に移動して発光する可能性を指します。しかし、本当かどうかわかりません。どうして光っているのか、大きなミステリーは解決していません。

SECTION 34

ホタルイカの謎は深まるばかり

日本人ほどイカが好きな民族はいないかもしれません。ヤリイカ、真イカ、ケンサキイカなど、種類も多く、食卓に上ることが多いです。そんな中、代表的な発光イカとしてトビイカやホタルイカがいます。おそらく皆さんが普段、魚屋さん、あるいはテレビのニュースで見るのはホタルイカでしょう。

ホタルイカといえば、春の風物詩ともいわれ、3月の下旬くらいから店頭に並びます。ホタルイカ漁は3月下旬から始まり、5月の中旬には終わります。富山県の固有のものと思われがちですが、実は違います。

✦ホタルイカは富山だけのものではない

ホタルイカは兵庫県日本海側でも水揚げされ、漁獲量自体は兵庫県が一番多いです。

また、太平洋側の駿河湾や相模湾にも少ないですが生息します。一方、富山県では四方漁港、滑川漁港や魚津漁港などで水揚げされますが、漁場と漁港が近く、より新鮮なホタルイカが入手できます。また、ホタルイカ漁を生で体験できるなど観光資源にもなっています。新鮮なホタルイカが獲れることから、ホタルイカは富山のものというイメージが定着したのでしょう。

ホタルイカの展示なら魚津水族館

魚津水族館は現存する最古の水族館

●発光するホタルイカ

（提供：小江克典）

です。1913年に黒部ダムの建設に合わせて開通した北陸本線を祝う博覧会をそのルーツとしています。また、マッカサウオが発光することを最初に明らかにしたのもこの水族館です。第4章で紹介するハーベィは新婚旅行の際に、魚津水族館を訪れ、ホタルイカを観察したそうです。春になるとホタルイカの観察会が開催されます。私たちも研究試料を得るため、たびたび、水族館を訪問しています。なお、隣の滑川には、ほたるいかミュージアムがあり、ここでも生きたホタルイカを見ることができます。

✦研究対象としての富山のホタルイカ

ホタルイカの寿命はメスで1年くらいです。富山湾でいうと水深約200〜600mの深海で生活し、夜間にエサになる動物プランクトンを求めて水深約30〜100mに浮上します。昼の間から浮上を開始する際に光を利用していると考えられています。

春にホタルイカがみられるのは、産卵のために沿岸に来るためで、産卵後、その一生を終えます。産卵の際、天候によっては海岸に打ち上げられ、波打ち際が光輝くことがありますが、これを「ホタルイカの身投げ」と呼んでいます。卵や稚イカは海流によって沖に流されますが、成長とともに富山湾の深海部に戻ってきて次の世代となります。なお、オスですが、メスに交じって水揚げされますが、その数は極端に少なく、その一生は不明な点も多いです。

SECTION 35

ホタルイカの発光の仕組み

ホタルイカの全長(ミミの部分から足の先まで)はメスで約14㎝、オスで約10㎝に達しますが、イカの仲間としては小型のものです。発光器は3種類、つまり、眼、腕、皮膚発光器です。オスメスともに発光器があります。なお、富山湾にはホタルイカモドキというホタルイカと外形が似ていますが、皮膚発光器のみを持つ少し大きいサイズの光るイカもいます。

腕発光器は自分の分身、ダミー？

最も強い光を放つのが腕発光器です。これは第4腕に3個ずつきれいに並んでいる発光器です。魚津水族館が観察、研究をした結果、この腕発光器には黒いフィルターがついており、簡単に光を付けたり消したりすることができるそうです。相手に襲われた時など、光を点灯し相手をひきつけ、次に瞬時に光を消し逃げさるので、腕先端の発光はダミー、おとりとして活用している可能性があります。

皮膚発光器は姿を消すカウンターイルミネーション?

ホタルイカの皮膚全体に約1000個の小さな発光器があり、青や緑色の弱い光を放っています。水族館の展示で、その美しい光を見ることができます。ホタルイカは日中から夜間にかけて深海域から海面に向かって浮上します。その際に、皮膚発光器の光の量を調整し、周りの深度の光の量と同じにすることで自分の影を消していると考えられています。典型的なカウンターイルミネーションです。

どうして目の周辺の発光器が?

よく観察すると両眼の下に5個の発光器があります。どうしてここにあるのかはよくわかりません。眼の影を消す必要があるでしょうが、あまりに小さいので役に立たない可能性があります。魚津水族館の研究によると眼球の大きさに比べて、発光器が小さいことから、子イカの時に活用していた可能性はあると説明しています。

✦発光はルシフェリン・ルシフェラーゼ反応？

ホタルイカがたくさん獲れるのに、なぜ、発光の仕組みがわからないのか、研究している私たちも不思議です。ホタルイカの学名はWatasenia scintillansと言いますが、ワタセニアとは日本人研究者の渡瀬庄三郎がその由来です。

研究は20世紀初頭から始まり、1970年代には腕発光器よりホタルイカルシフェリンが同定され、発光クラゲなどが持つセレンテラジンの硫酸化体であることが明らかになりました。しかしながら、発光にATP（アデノシン3リン酸）が必要か否かの結論もはっきりしていません。さらにルシフェラーゼの精製ができず、また、その遺伝子の同定にも至っていないのが現状です。これは、ホタルイカの発光を試験管内でなかなか再現できないのが大きな理由です。まだまだミステリーは解決できないです。

ホタルイカ以外にもイカはミステリーだらけ

発光するイカは共生発光微生物による共生システムと自力システムによるものに大別されます。共生システムの代表が第1章でも紹介したダンゴイカでしょう。自力システムはホタルイカやトビイカです。

トビイカは大型で全長が60㎝以上のものをハワイ沖で採取したことがあります。沖縄周辺でも採取できるそうです。背中に大きな発光器を持ち強力に光りますが、採取が難しく、また、食べ物としてはおいしくないので、日本の漁師が好んで獲ることはないようです。背中の発光器で雌雄のコミュニケーションを行うという報告がありましたが、その後の進展はありません。イカの発光研究は進んでいないのが現状です。

SECTION 36

発光ゴカイは簡単につかまらない

ゴカイの仲間といっても姿形はずいぶんと違っています。その中でも発光するものはオヨギゴカイやオドントシリス、ツバサゴカイ、フサゴカイなどと多種類にわたります。

私たちは20年以上前から富山県魚津市のオドントシリスに興味を持ち研究を続けてきました。まだまだ研究が終わらない、始まったばかりの発光生物です。

オドントシリスは、1年に一度しか採取できない発光生物です。当然1年中、その場所にいるのでしょうが、私たちに採取のチャンスを与えてくれるのは10月初旬のおよそ10日間に限定されています。おそらくオドントシリスは日本の他の場所にいるとは思われますが、最近では採取された報告例がないのが現状です。

✦ オドントシリスの光のダンス

発光するシリス科のゴカイの存在は20世紀初頭から知られており、特にカリブ海の島々、米国カリフォルニアやインドネシア・ジャカルタ沿岸などで発見され、光りながら円を描くダンスを踊ると記述されています。日本でも1982年に富山県魚津市の海岸でオドントシリスの光のダンスがテトラポットの上からみられたと報告されています。私たちも1990年代後半に同じ場所で光のダンスを確認したことがあります。しかし、2000年代、観察場所は護岸工事が行われ、採取が不可能となりました。その後、2010年代後半に魚津水族館の方に紹介された場所で採取を再開しました。

✦ 楽しいけど、大変なオドントシリスの採取

以前はテトラポットの上から採集していましたが、現在はテトラポットの内側の少し大小の岩石が混じる砂浜で採取をしています。10月初めのおよそ10日間が採取可能で、日没後30分くらいにゴカイは出現しますが、30分程すると急にいなくなります。

採取時は海岸線から数ｍの深さ40～50㎝の場所に立ち、海面をライトで照らしていると、長さが2～3㎝で黄色に黒い縞が見えるゴカイがやってくるのがわかります。運がいい時には面白いように採取できます。しかし、この時期は台風の時期と重なっているため、一日30分ほどの作業ですが、風や波のため、採取自体できないことがしばしばです。

✨オドントシリスの生活は？

オドントシリスは環形動物なので、その名の通り、牡蠣殻の隙間、貝の表面、あるいは岩石の表面などに環を作り、そこに住みます。しかし居場所がどこか特定されていませんでした。当初予想していたのはテトラポットに付いた牡蠣殻でした。しかし最近、水中で観察した結果、砂浜の中に点在する大小の岩石の裏側から湧き上がるように浮上する姿が目撃されました。一方、光る理由として産卵の時期に雌雄の生殖行動のシグナルとして活用されているという説がありますが、採取時、光のダンスは目撃できない割には数百匹程度が採取できるので、再考が必要ではないかと考えています。

SECTION 37

解き明かされつつある発光の秘密

ノーベル賞受賞者の下村脩は発光クラゲを85万匹採取して、発光タンパク質、蛍光タンパク質を発見しました。しかし、環境が激変した今日、発光生物を数万匹、集めることは困難な作業になりつつあります。その分、生体分子を解析する技術は日進月歩です。現在の研究者は、最新機器を用いて、発光生物の発光の仕組みの解明を目指しています。

オドントシリスはルシフェリン・ルシフェラーゼ反応

オドントシリスの発光は緑色（最大発光波長510㎚）で、身体全体から染み出すように光の液を分泌します。定法に従いオドントシリスの熱抽出物と水抽出物を加えると発光が確認できます。これによって、この発光が典型的なルシフェリン・ルシフェラーゼ反応であることがわかります。注目すべき点は発光色です。クラゲなどでは緑色発光しますが、これは蛍光タンパク質のおかげです。これまで、海洋性発光生物単独で緑色の発光色を示すルシフェラーゼは同定されていません。

✦これまでとは全く異なるルシフェリン!

今から50年ほど前、「ルシフェリンの化学」は、日本が世界のトップを走っていたといっても過言ではありません。下村脩がノーベル賞を獲ったのも偶然ではなく、その時代に日本の天然物化学、有機化学のレベルが高かったからです。ウミホタルルシフェリン、セレンテラジン、ラチアルシフェリンなど、日本人研究者の貢献は大きいです。しかし、現在、「ルシフェリンの化学」に関してはロシアのグループが最前線に立っています。オドントシリスルシフェリンもロシア

●発光ゴカイオドントシリス

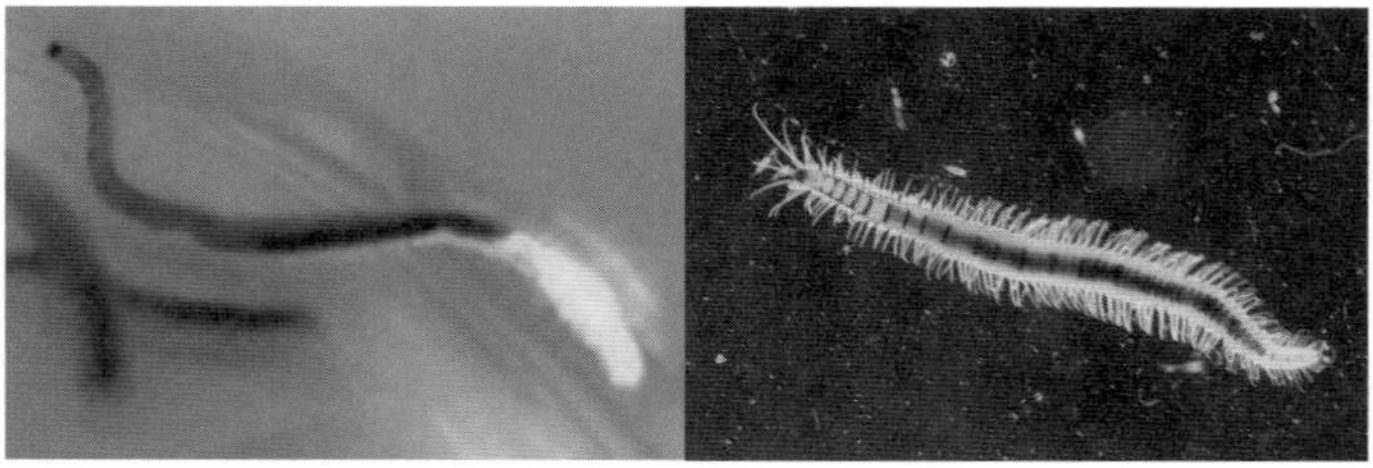

(左)発光ゴカイオドントシリスが発光液を分泌。

のグループの着実な研究によって決定されました。このルシフェリンは、これまでのものと全く異なっていました。この構造からアミノ酸の1つであるチロシン代謝物とシステインが生合成に関わることが予想されています。しかしながら、なお検証が必要でしょう。

✦ルシフェラーゼも似たものがない

私たちはある程度サンプルが集まった段階で作業を開始、はじめにRNA-Seqという手法で、オドントシリスの中で作られているタンパク質の解析できる範囲のRNAの配列を明らかにし、遺伝子情報のデータベースを作成しました。問題は何が、ルシフェラーゼであるかです。そこで、生きた5匹のオドントシリスに軽い刺激を与え、発光液を回収、これを分離、精製し、ルシフェラーゼを特定しました。ルシフェラーゼの部分構造を決定、そのデータをもとにルシフェラーゼ遺伝子をデータベース上から見つけ出し、遺伝子工学的な手法でタンパク質を合成し、ルシフェリンと反応し発光することを確認しました。

２０１８年にオドントシリスルシフェラーゼは私たちの手で特定されました。驚いたことに数億のデータを有する公共データベース上に似たタンパク質は全くありませんでした。タンパク質は分子進化という言葉もありますが、何らかの起源となるタンパク質があり、その構造が少しずつ変化し分子進化するとともに機能を獲得すると考えられています。よって、構造が似たタンパク質が見つかるのが普通でしたが、全く見つかりませんでした。いったいどうして、このタンパク質ができたのか、ミステリーだらけです。

✦ゴカイは多様な発光システムを持っている

ゴカイといっても形態や生活環境は大きく異なっています。オヨギゴカイ、オドントシリス、ツバサゴカイやフサゴカイなど、比べてみるとその違いは明確です。また、面白いことにルシフェリン・ルシフェラーゼ反応を示すものと示さないもの、そして発光色も青紫色から緑色まで多彩です。採取は難しいですが、挑戦しがいのある研究対象です。まだまだ、発光生物の世界は、次の挑戦者を待ち受けています。

Chapter.4 生物発光の歴史

SECTION 38

古代人が見た生物の光

生物発光の歴史をたどると、面白いほど時代を彩った人物たちの名前を発見します。また、多くの詩や韻文が読まれていることにも驚かされます。それだけ、身近な存在として科学者や詩人らを魅了したのでしょう。この章では、そんな歴史をたどってみます。

✦古代中国人が見た生物の光

4つの古代文明発祥の地の中で、中国、インドには古代から生物の光に関する記述がありますが、エジプト、メソポタミアにはありません。面白いことに、中近東を背景として生まれた聖書にもコーランにも記述はありません。2つの場所はホタルが身近な存在ではなかったためかもしれません。

古代人の目に発光生物はどのように映ったのでしょうか？ 私たち現代人と同じように感じたのでしょうか？ 最も古い記録は、おそらく紀元前11世紀から7世紀に書かれた中国の詩経でしょう。詩経には「途切れることのない光こそホタルの光」と記述されています。また、紀元前3世紀前後の記録には、ホタルは枯れた草木から生まれるとあります。

中国の書物の影響かもしれませんが、江戸時代の日本人もホタルは枯れた草木から生まれたと信じられていたようで、化生類に属しているとしています。また、「蛍雪」「蛍窓」という言葉が生まれたのは晋の時代（紀元後3世紀ころ）ですが、日本にも伝わり「蛍雪の功」という言葉も生まれています。

✦古代インド人が感じた生物の光

古代インド人はホタルを神聖なものと考えていたようです。紀元前6世紀のヨガの書の中に、「霧、煙、太陽、火、風、ホタル、稲妻、水晶、月」などと詠い、重要な自然現象の1つと考えていました。古代サンスクリット語ではホタルを意味する言葉を、英雄を称賛する際にも用いたようです。また、ホタルの光は月やランプより暗いが、宝石よりは明るい光と記述しています。光の強さをこのように記述するのはゼロを生み出したインド人らしい感覚かもしれません。しかしながら、中国にもインドにもホタル以外の発光生物の記載は、ほとんどありません。

✦生物発光を科学した知の巨人アリストテレス

巨大な帝国を世界で初めて創成したアレクサンドロス大王の先生と言えばアリストテレス（紀元前384－322年）です。アリストテレスは哲学者であると共に科学の分野にも大きな業績を残しました。とりわけ自然発生説を唱えるなど、生物に対しても観察することを基本に多くの洞察を後世に残しています。彼は死んだ魚やキノコが光ること、また、ホタルやホタルの幼虫が光ることを知っていたのです。もっとも大事なことは、それらの観察を通じて、生物発光が熱を発しない「冷光」であることを理解していた点です。生物発光が他の光と違うことを彼は知っていたのです。現代に通じる洞察に驚かされるばかりです。

✦ローマ帝国に来た、見た、書いた大プリニウス

ギリシャ時代が終焉し巨大な古代ローマ帝国が誕生しました。西はスペイン、イギリスから東はトルコ、シリアまで領土は広がり、帝国内の異なる文化が交流し、その見聞が記録されるようになりました。その1つが「博物誌」です。

軍人、政治家であった大プリニウス（紀元後23-79年）は帝国内を歩き、その当時知りうる天文学、地理学、動植物学に関わる知識を、時には伝承も含めた見聞を全37巻に著したのです。この中に発光生物のホタル、光る貝ポラス、発光キノコ、

●プリニウス肖像画と博物誌復刻版の表紙

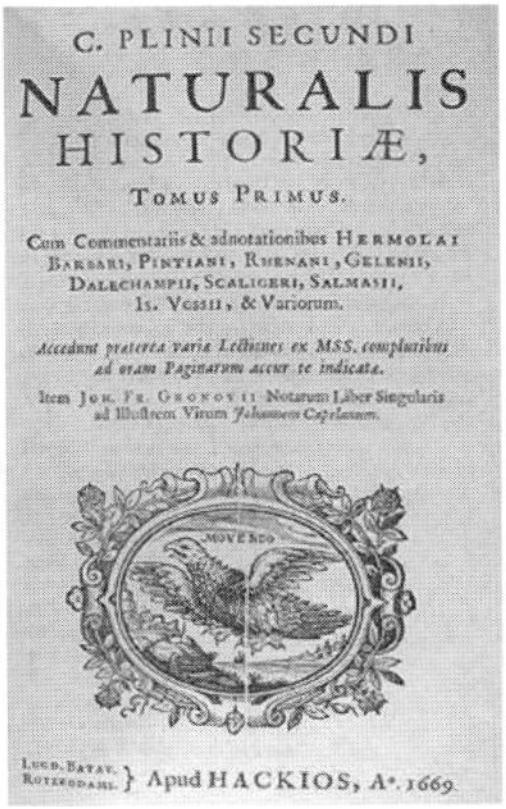

C. PLINII SECUNDI
NATURALIS
HISTORIÆ,
TOMUS PRIMUS.
Cum Commentariis & adnotationibus HERMOLAI BARBARI, PINTIANI, RHENANI, GELENII, DALECHAMPII, SCALIGERI, SALMASII, IS. VOSSII, & Variorum.
Accedunt praeterea variae Lectiones ex MSS. compluribus ad oram Paginarum accur te indicatae.
Item JOH. FR. GRONOVII Notarum Liber Singularis ad Illustrem Virum Johannem Capellanum.
MOVENDO
LUGD. BATAV. ROTERODAMI. } Apud HACKIOS, A°. 1669.

光る木（キノコの菌糸？）やナポリ湾の発光クラゲなどの記述があります。

ユニークな記述として、ドイツ地方の黒い森に光る鳥がいたとあります。正体は不明なままですが、おそらく光が反射したものでしょう。なお、発光生物の学名に用いられる名称のLampyris、Nocticula、Luciolaなどは、彼の博物誌で記載され、後世の人々が用いたものです。

SECTION 39

中世から近世の人々が見た生物の光

ローマ時代の終焉と共に幕をあける中世暗黒時代から1600年代の科学黎明期まで人々は自然科学から遠ざかり、生物発光の研究に進展はあまりありません。でも、この時代の人々が生物の光に何を思ったか、記録をたどってみましょう。

中世ではホタルはクスリ?

アリストテレス学派の一人アルベルッツス(1206-1280年)がホタルを含めた33種の昆虫を記述、その中にはホタルから「光る液体」を作ったとあります。これはホタルが種々の病気に効く薬になると信じられていたからです。特にメスのホタルが有効だったと記載されています。また、15世紀になると「光る液体」は錬金術師も巻き込んで、何通りもの作り方のレシピが生まれたそうです。「光る液体」を用いて書いた手紙は暗闇でも光るとか、グラスをきれいなまま保存できるとか考えていたようです。

✦アラブ人が継承するプリニウスの世界

ローマ帝国の後継者たるヨーロッパの人々には古代ラテン語を読める人は少なくなり、アリストテレスや大プリニウスの本を十分に理解した後継者はなかなか現れません。代わりに、科学の中心はアラブやペルシャのイスラムの人々となりました。その一人、エジプトカイロの動物学者ダミレイ(1344-1405年)は、1372年「動物の生涯」を著し500種以上の動物を紹介し、その中でホタルについても記述しています。彼はホタルが弱い光しか放つことできないことから、ケチな男という意味である「フバヒーブ」という名があると紹介しています。

✦コロンブスも見た新世界の不思議な光

中国で生まれた羅針盤がイスラムの国からヨーロッパに伝わり普及した15世紀に大

航海時代が幕を開けました。最も有名な探検家といえば、アメリカ大陸にたどり着いたコロンブス（1446－1506年）でしょう。彼は1492年10月11日夜10時くらいに、航海の途中で立ち寄ったサン・サルバドル島で、光るゴカイを観察したと記録しています。「この光はろうそくの炎のようであり、強くなったり、弱くなったりした」と記述しました。

16世紀になると、新しく発見された土地の発光生物の話が目白押しです。例えば、オビエド（1478－1557年）は西インド諸島で体節と頭部が赤く光るグローワームを発見したと記述しました。おそらくヒカリコメツキの幼虫あるいは

●コロンブスの航海図

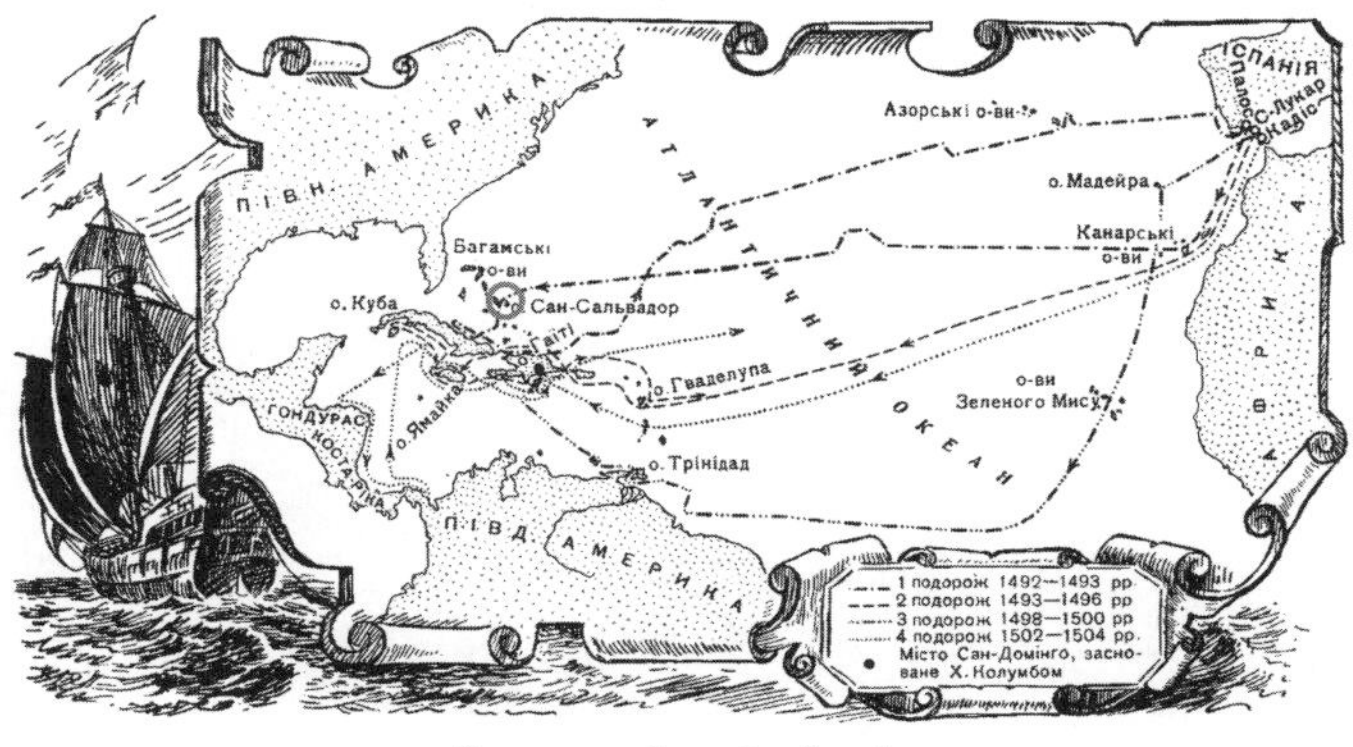

Карта плавань Христофора Колумба.

西インド諸島のサン・サルバドル島で発光ゴカイを発見したと記録している。

鉄道虫のメスかと思われますが、記述だけではっきりしていません。大航海時代の幕開けと共に、多くの光る生物が見出されました。

✦ハムレット曰く、中世暗黒時代を照らすグローワームの光

この時代を締めくくりにあたり、シェイクスピア（1564-1616年）のハムレットの一節を紹介します。父王の亡霊が退場の場面、『ホタルが朝の近いことを知らせている、青白い光が弱くなっている。さらばだ、さらばだ、ハムレット、わしのことを忘れるでないぞ。』とあります。

ホタルは青白く光ることもなく、朝方に光るものも稀ですので、シェイクスピアが本当にホタルを見ていたかは疑問が残ります。しかしながら、この時代の人々にとってホタルなどの発光生物は科学の対象ではなく、詩や歌の世界のことだったのでしょう。

SECTION 40

黎明期の科学者が科学する生物発光

17世紀になるとベーコンの実証主義をベースに生物の光の本質に迫ろうという流れとなります。ベーコン（1561-1626年）は種々の実験を試み、ホタルや光る木は生きている時のみ光を発すると考え、この光の神秘性を否定しました。また、中世と近代を繋げた科学者ともいわれるキルヒャー（1602-1680年）はホタルなど発光生物を実験し冷光を再確認、また中世に盛んに作られた「光る液体」に意味がないことを証明しました。実に多くの有名な研究者たちが生物発光に興味を持っていたのです。

「ボイルの法則」のボイルは何を見た

高校で習う気体と圧力の関係を示すボイルの法則を見つけたボイル（1627-

1691年)は化学者、錬金術師でもあります。彼は「冷光」に興味を持ち、真空ポンプを用いて、空気の無い時にはホタルは光らないが、空気があると再び光り始めることを観察、発光には空気が必要であることを発見しました。同様に光る木(発光キノコによる)や光る死んだ魚や肉(発光バクテリアによる)も発光には空気が必要であることを明らかにしました。まさに彼こそ本格的に生物発光のメカニズムの解明に挑戦し、実験を試みた最初の科学者です。

✦「フックの法則」のフックが生物発光を切る

フック(1635-1702年)といえばバネばかりの長さと重さが正比例するという弾性の法則の発見者として有名です。彼は50倍程度の顕微鏡を作り植物の細胞壁を観察しセルと命名、あるいは望

●フックが製作した顕微鏡

遠鏡を作り火星や木星の自転の観測など、この時代の傑出したマルチ科学者です。

彼はボイルの研究助手でもあり、生物発光にも興味を持ちました。例えば、光る木の正体は発光キノコ、その菌糸であることを、死んだ魚は腐敗し発酵が進むと光りが増すことを発見しました。一方、「光る海、燃える海」は岩石が壊れたり、砂同士がぶつかったりしたことによる物理的な光、現在でいうメカノルミネセンスと説明しました。これは、フランクリンの誤りにもつながる記述です。

ベンジャミン・フランクリンの誤り

アメリカ建国の父、憲法を起草した一人であるフランクリン(1706-1790年)は研究者としても有名です。凧を用いた実験で雷の正体が電気であることを見つけたのは彼でした。彼もまた、

●ベンジャミン・フランクリン

「光る海、燃える海」は海中での砂の摩擦によっておこる物理的現象の光と考えたのです（1747年）。

これに対してフランクリンの友人であるマサチューセッツ州知事ボウダイン（1727-1790年）は布で光る海を濾すと光らなくなり、布には発光生物（渦鞭毛藻類）が残ることを手紙で伝えました（1753年）。これを受け、1769年にフランクリンは自分の考えを訂正、間違いを認めた論文を公表しました。フランクリンには13徳という教訓がありますが、まさに正義、誠実を地で行く行動です。

✦クック船長が見た「燃える海」

海が光る現象は紀元前500年くらいにはギリシャの研究者が、851年にはアラブ人船乗りが、そして953年にはペルシャ人船乗りが「燃える海」について記述しています。ずっと昔から船乗りたちは「光る海、燃える海」の存在を知っていたのです。しかし、この光が渦鞭毛藻や発光バクテリアの光であることはフランクリンの時代にならなければわからなかったのです。

大航海時代の終焉を飾る人物ともいわれるクック船長（1728-1779年）は貴重な航海記を残しています。1772年10月30日金曜日に喜望峰（ペンギン海岸）で光る海に遭遇し、ピンの頭のような夜光虫を観察したとあります。この時代になると知識人の中では燃える海の正体はわかっていたのでしょう。

✦ラヴォアジェ「近代化学の父」、発光の秘密を探る

18世紀の研究者たちはギリシャ時代から続く土、空気、火、水の4大元素説の呪縛から未だ逃れられず、「光を伴う燃焼」とはフロギストンという物質の放出過程と考えていました。

「近代化学の父」ともいわれるラヴォアジェ（1743-1794年）は酸素を発見、それまであらゆる発光の説明に使われていたフロギストン説を否定します。そして、1777年には動物は酸素を吸って二酸化炭素を放出することを発見しました。ここでやっと、生物発光を物質から探る土台ができたのです。生物発光にも酸素が必要だと考えたのです。

SECTION 41

19世紀から加速する生物発光研究

アリストテレスの生物の自然発生説は1672年にレーウェンフック（1623-1723年）によって微生物が発見された後も完全に否定はできず19世紀を迎えました。そんな中、パスツール（1822-1895年）の白鳥の首フラスコの実験などによって自然発生説は完全に否定されました。19世紀はまさに「科学の世紀」です。

光る木、光る肉の正体は？

古代から人々は「光る木」、「光る肉」があることは知っていました。その記録はアリストテレスの時代から始まっています。15世紀の本に「狐火」は「光る木」のことではないかと書かれています。面白いことに語源をたどると「狐」は「偽」と似た発音になりますので、「偽の光」が本当かもしれません。

17世紀の本では、あるご婦人がマトン肉を購入し、部屋につるしていると、部屋が光り輝いてびっくりしたと、それを知った王子が見に来て、大変感動したとの話も残っています。19世紀になると数々の研究から「光る木」は発光キノコやその菌糸が、「光る肉」は発光細菌が正体であることが多くの研究者から報告されています。

ダーウィンは考えた発光する生き物たちの起源、そして進化

この時代の革命児ダーウィン(1809-1882年)はビーグル号の探検隊(1831-1836年)に参加しガラパゴス諸島で「種の起源」のアイディアを得て、進化論を著しました。同時に彼は、この探検の間に多くのホタルや海の発光生物を観察していました。なぜ、ホタルは光るのか? ある研究者は「性誘因、相互認識、注意喚起」であるとしました。しかし、ダーウィンは進化論の自然選択説の観点で考察すると、光る理由は正直にわからないと記述しています。特に、グローワーム(メスのホタル)が翅の無いまま成虫となり、交尾するためにオスと相互に発光しているという説には懐疑的でした。

現代でも光る生物の進化は難解です。なぜなら、例えば、昆虫でも光らないものの方が多く、なぜ光り始めたのか明確な説明ができないからです、ダーウィンの苦悩は理解できます。なお、ビーグル号の探検隊は深海の発光生物も積極的に収集、記録しています。

✨ルシフェリン・ルシフェラーゼ反応を見つけたデュボア

この時代に生化学という学問が生まれます。生体物質、例えば、アンモニアは高温下の化学反応で合成されますが、人体では酵素の触媒作用により体温でも化学反応が起きることが解明されました。生体現象が基質・酵素反応で説明され始めたのです。デュボア(1849-1929年)はリオン大学の一般生理学の教授でした。

彼は1886年、西インド諸島のヒカリコメツキの中から生物発光反応の基質と酵素を見つけルシフェリンとルシフェラーゼと命名しました。つまり、ルシフェリンはルシフェラーゼの酵素作用によって酸素と反応して光を放つことを明らかにしたのです。その後、光る貝ポラスでも同様の反応で光を発することなど、多くの論文を発信しました。ちなみに「ルシファー」はラテン語で明けの明星を指し、光りをもたらすものの堕天使のことで、ルシフェリンの語源とされていますが、17世紀の研究者の一人は、生物発光は「ルシフォラス」によると記述しています。デュボアが「ルシフォラス」を知っていて命名したかは調べてみましたが不明でした。

●デュボア

日本のホタルイカ、ウミホタルを研究したハーベィ

デュボアと並び現代生物発光研究の父といえばハーベィ（1887-1959年）です。プリンストン大学の先生であった彼は新婚旅行の地として日本を選び、富山県の魚津水族館を訪問しました。そこでホタルイカを観察したそうです。また、発光するウミホタルに興味を持ち、帰国の際に大量の乾燥品を持ち帰りました。

彼は、ウミホタルの中からフォトジェニンとフォトフェリンを発見したと論文を発表しました。後日、これらはデュボアの仕事でいうルシフェラーゼ、ルシフェリンになります。つまり、この時代はまだ、ルシフェリンとルシフェラーゼの言葉は十分に浸透していなかったのです。彼はフォトフェリンを抽出し、ニンヒドリン反応によりアミノ酸から由来すると予測しました（1918年）。これを証明したのは、名古屋大学の平田義正、そしてルシフェリンの結晶化に成功したのはノーベル化学賞を受賞した下村脩です。

●ニュートン・ハーヴィの名著

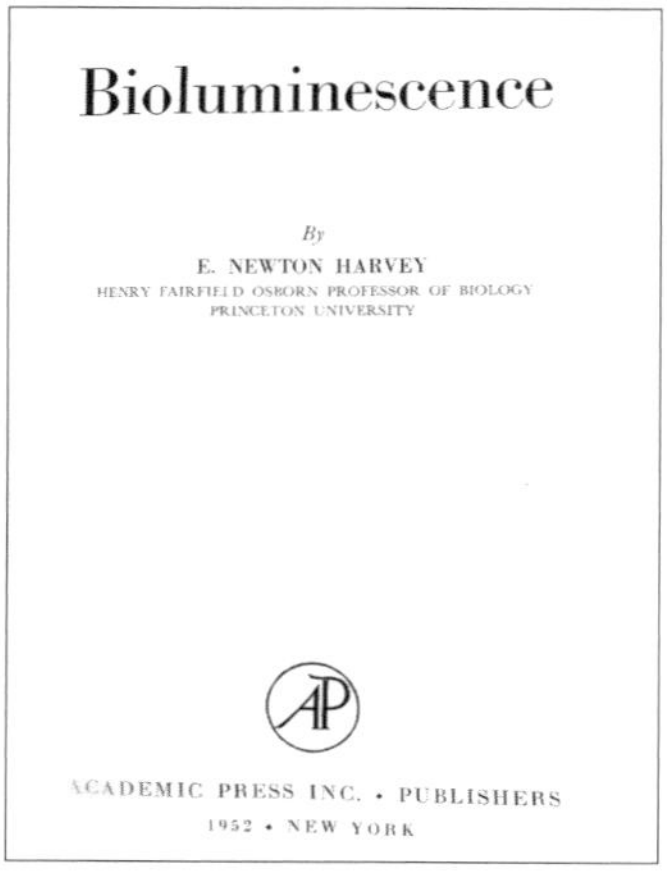
Bioluminescence

By

E. NEWTON HARVEY
HENRY FAIRFIELD OSBORN PROFESSOR OF BIOLOGY
PRINCETON UNIVERSITY

ACADEMIC PRESS INC. • PUBLISHERS
1952 • NEW YORK

「生物発光（Bioluminescence）1952年出版」

生物発光研究の古典。

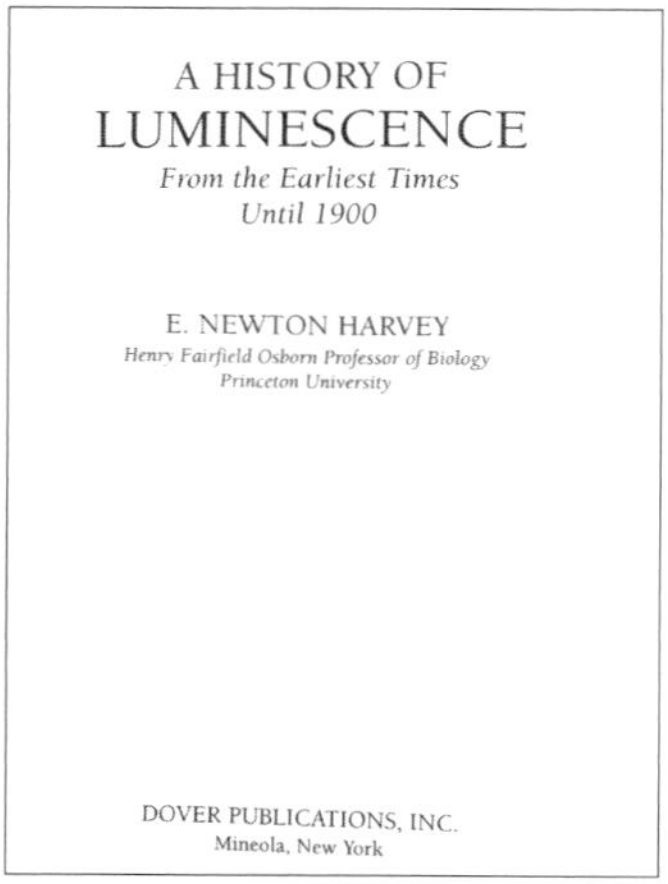
A HISTORY OF
LUMINESCENCE
From the Earliest Times
Until 1900

E. NEWTON HARVEY
Henry Fairfield Osborn Professor of Biology
Princeton University

DOVER PUBLICATIONS, INC.
Mineola, New York

「発光の歴史（Bioluminescence）1957年出版」

第4章はこの本を参考に執筆。

SECTION 42

日本人研究者の活躍

ホタル狩、ホタル籠、ホタルカズラ、ホタルイカなどの言葉と共に、日本人は格別ホタルが好きな民族です。語源は「火が垂れる」、「星が落ちる」などと考えられています。一方、生物発光の研究においても欧米に劣らず最先端を走っています。下村は世界で唯一、発光生物の研究によってノーベル賞を受賞しました。現代につながる日本人と発光生物の関りを追ってみましょう。

ホタルと日本人

日本人とホタルの関りは古く、720年に完成した日

●浮世絵に描かれたホタル狩りの風景

（ボストン美術館所蔵）

本書紀に「彼地多有蛍火之光神」として、少し邪悪な神として登場しています。

11世紀初期から京都の宇治川で「蛍の宴」が開催されています。また、多くの歌人がホタルの「はかない光」に心を寄せ、例えば、後拾遺集で和泉式部は「物思えば沢の蛍も我が身よりあくがれいづる魂かとぞみる」と詠んでいます。

一方、江戸時代の和漢三才図ではホタルを化生類として扱っています。しかし、明治に入り、西洋科学の流入と共に1900年前後からホタルを科学の対象として考えるよう

●和漢三才図に紹介されたホタルは化生類

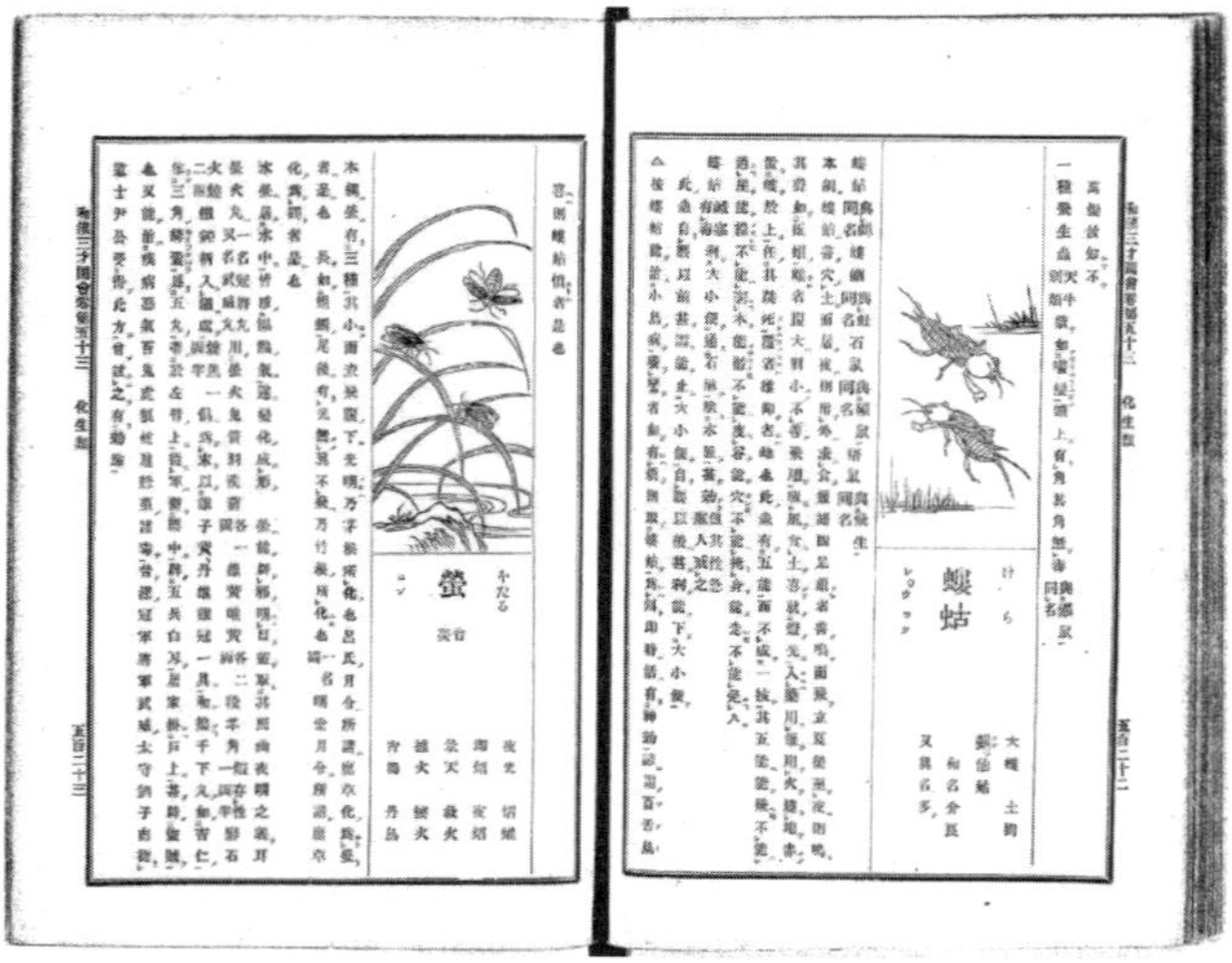

になってきました。

✦神田左京は名著「ホタル」を残す

神田左京（1874-1939年）はデュボア、ハーベィと並ぶ生物発光研究の傑人の一人と自ら言っています。彼は日本で学び、一時期教師をしていましたが、34歳の時、アメリカ合衆国のクラーク大学に留学、マサチューセッツ州ウッズホール臨海実験所、ニューヨーク市ロックフェラー研究所、ミネソタ大学等で生物学の研究を続けたのち帰国、ウミホタルやホタルの研究を続けました。

当初は大学等にも属しましたが、組織をきらい、学者たちとの群れをきらい、篤志家の庇護のもと研究のみに打ち込みました。発光物質の同定を試みるなどの化学的な実験、あるいは発光スペクトルの解析などの生物物理的な実験の成果を元に、ハーベィとは書簡を通じて論争を続けていました。

神田は丹念に調べた研究成果、また名著「ホタル」などの多くのメッセージを後継の研究者達に残しました。

✦羽根田弥太の功績は今も生きている

太平洋戦争後、ハーベィら世界の生物発光研究者と肩を並べて研究し、研究成果を世界に発信したのは横須賀市博物館館長の羽根田弥太（1907-1991年）でしょう。

彼は慈恵医科大学で淡水棲発光細菌を研究する矢崎芳夫に師事し、その後、パラオ熱帯生物研究所、シンガポールの昭南博物館で主に海洋の発光生物の研究を継続しました。1946年に帰国後、横須賀市に奉職、博物館の仕事へと進んでいきました。

1954年、ハーベィは第1回発光生物国際会議に羽根田を招待、彼は唯一の日本人として参加しました。出席者の中には下村と発光クラゲの研究をするプリンストン大学のジョンソンや、多くの日本人研究者の面倒をみることになるハーバード大学のヘイスティングなど、多くの著名な研究者達がいました。

欧米の研究者の中に生物発光研究における日本人研究者のレベルの高さを知らしめたのは羽根田のお陰です。多くの本を残しましたが、その中でも「発光生物」はこの分野のバイブルとも言われ、この本を頼りに発光生物を探す研究者が今でもいます。

✦生物発光でノーベル賞は下村脩だけ

多くの研究者のたゆまぬ努力で生物発光が研究されました。そして人類の進歩に貢献できたといえる1つの成果は、緑色蛍光タンパク質GFPによる生体情報の画期的な可視化でしょう。GFPを発光クラゲの中から発見した下村脩（1928-2018年）は、その成果によって2008年のノーベル化学賞を受賞しました。

1945年、下村は諫早にて勤労動員中、長崎に落ちた原爆を目撃、黒い雨に遭遇しています。戦後、長崎医専を卒業

●下村脩が発光クラゲから精製した緑色蛍光タンパク質GFP

50年以上前に精製したものが今でも光を放つ。下村の自宅にて撮影。写っている手は下村本人です。（小江克典氏撮影）

し、生物発光との出会いは1955年、名古屋大学平田義正のもとに内地留学した時です。

名古屋大学ではウミホタルルシフェリンの結晶化に世界にさきがけて成功しました。研究成果は生物発光研究の最先端を行くプリンストン大学のジョンソンに注目され、1960年、フルブライト奨学金を得て渡米、発光クラゲの研究に従事しました。

従来の「生物発光はルシフェリン・ルシフェラーゼであるとの定説」を覆す発光タンパク質イクオリンを抽出、精製に成功、同時にGFPを発見しました。下村の研究は発光クラゲだけではなくクモヒトデ、発光貝ラチア、ホタル、オキアミなど、世界各地の発光生物に及びます。

Chapter.5
身近で使われている生物発光

SECTION 43

ホタルの生物発光で何を見る

生物発光の光はルシフェリン・ルシフェラーゼのシンプルな反応ですが、得られる光の量は反応に応じた量であり直線性も広く、しかも特異性にも優れています。一方、光の検出法はフォトマルチプライア、フォトダイオード、CCD（電荷結合素子）、C-MOS（相補的受光用半導体）と日進月歩で高感度且つ使いやすい仕様になっています。このソフトとハードの出会いが優れた分析法として、我々の身近で活躍しています。ここでは、ホタルの生物発光を利用した身近な技術を紹介しましょう。

ホタルの発光にはATPが必要

ホタルのルシフェリン・ルシフェラーゼ反応にはATPが必須で、ルシフェリン、ルシフェラーゼ、ATP、酸素の４つの因子によって発光量が決まります。よって、ルシフェリン、ルシフェラーゼ、酸素が大過剰なら発光量はＡＴＰの数に相関します。一方、ルシフェラーゼ、酸素、ＡＴＰが大過剰ならルシフェリン量に、ルシフェリン、ＡＴＰ、酸素が大過剰ならルシフェラーゼ量に発光量は相関します（図5-1）。ホタル生物発光の利用に関しては、そんな関係を念頭においてください。

●図5-1

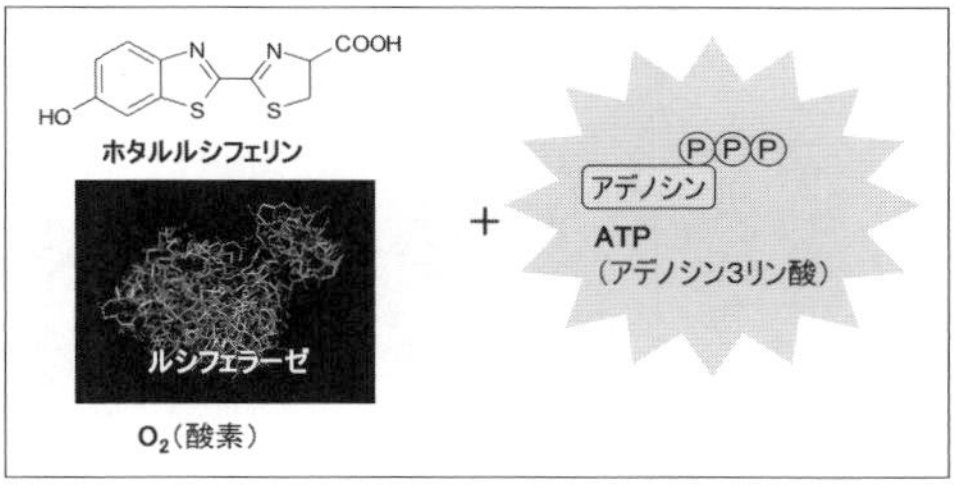

ルシフェリン、ルシフェラーゼ、酸素が過剰ならATP量が発光量を決める。

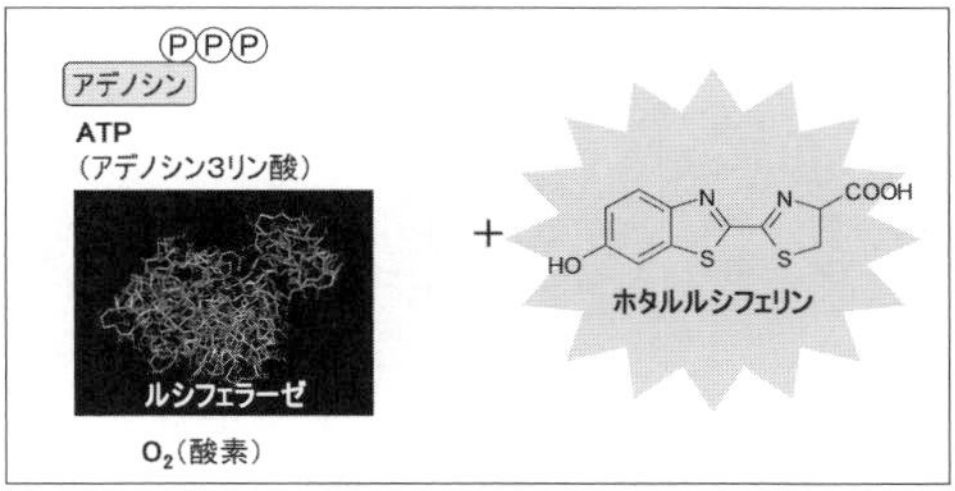

ルシフェラーゼ、ATP、酸素が過剰ならルシフェリン量が発光量を決める。

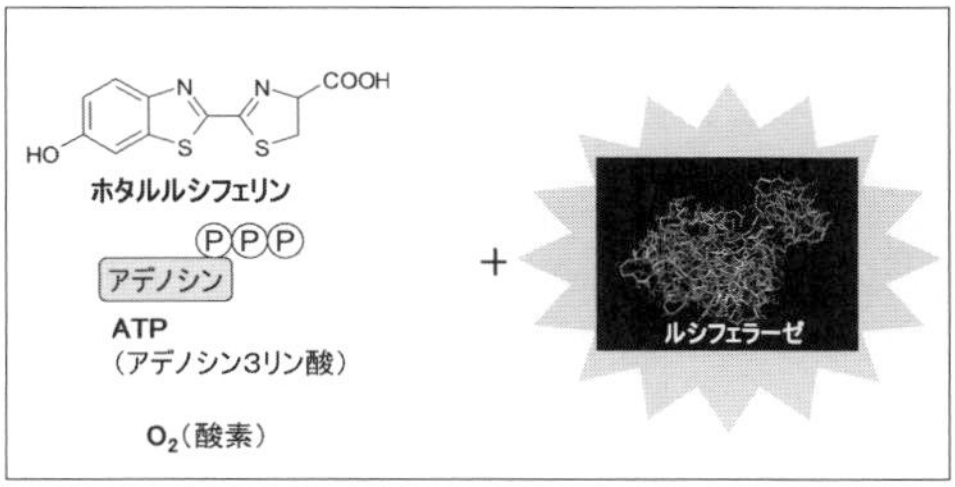

ルシフェリン、ATP、酸素が過剰ならルシフェラーゼ量が発光量を決める。

✦あらゆる菌がＡＴＰを持っている

夏になれば、食中毒が気になります。洗ったはずのまな板や包丁に菌が残っていたものが繁殖するかもしれません。台所の周りにいる菌すべてが悪玉とは限りませんが、用心のためにはあらゆる菌もいないことがベストです。

どうすれば菌を測定できるのでしょうか？そのカギになるのは、すべての生物にとっての究極のエネルギー、ＡＴＰです。菌の種類によってＡＴＰ量は違いますが、おおよそ菌数とＡＴＰの数は相関しますので、ルシフェリン、ルシフェラーゼ、酸素が大過剰の条件でルシフェリン・ルシフェラーゼ反応を行え

●図5-2

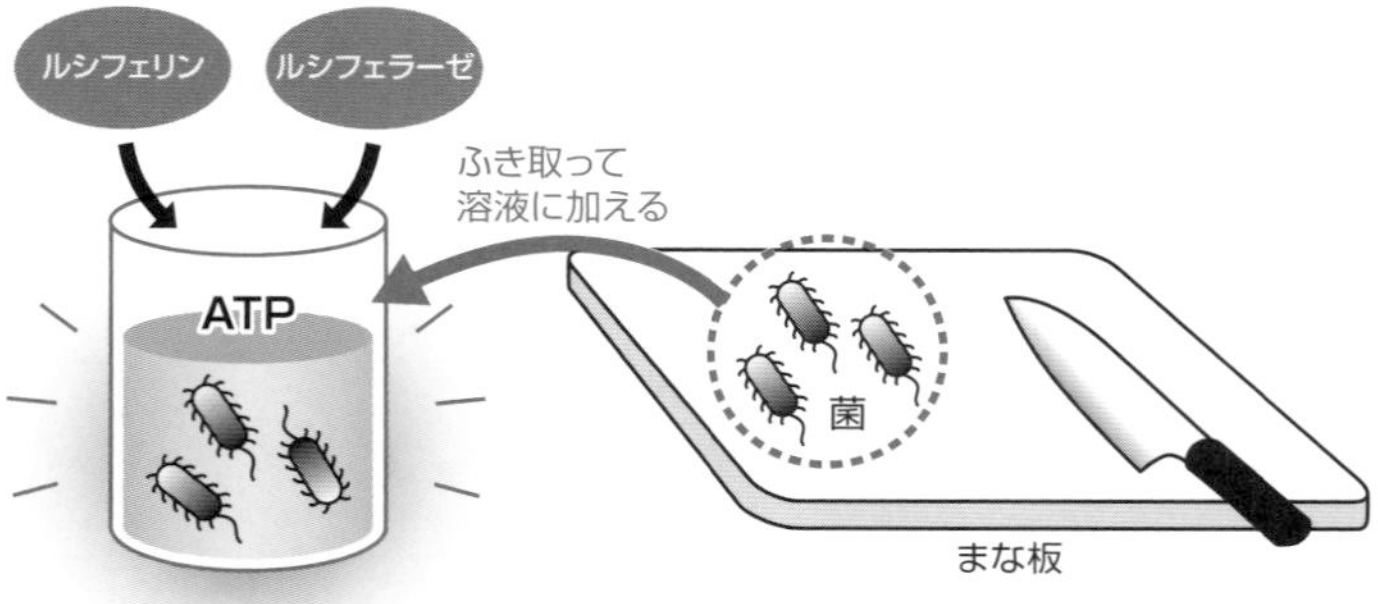

まな板に繁殖する菌をATPを元にホタルのルシフェリン・ルシフェラーゼ反応で検出。
まな板にいる菌はATPを介して定量できる。

ば、発光量から菌の数が推定できます（図5-2）。

キッチンの清浄度を測る

台所の菌の測定は簡単です。気になる場所をふき取り棒でサンプリングし、その棒をホタルルシフェリン・ルシフェラーゼ溶液にいれ、発光量を測定すれば菌の有無は判断できます。

既にキッコーマン社ではルミテスターというキットを販売中です。同様の原理を利用して工場内の水に菌が入り込んでいないか判定する例もあります。この場合は、水をサンプリング、濃縮したものの中にホタルルシフェリン・ルシフェラーゼ溶液を加えて発光量を測定し、その発光量から菌の混入率を調べるのです。

ATPで宇宙生命を探索

多くの人々は地球以外の星に生物がいるかどうか興味を持っています。その希望を叶えるべく、NASA（アメリカ航空宇宙局）は火星に探索機を送り込んでいます。では、いかにして生命の有無を判断するのでしょうか？

研究者たちはATPの有無で生命の軌跡を見極めようとしています。実際にホタルルシフェリン・ルシフェラーゼ溶液を入れた火星の土採取装置を作っています。

問題は微量のATPを検出するためには、採取装置を地球上で作る際、いかに生産現場内に漂う微生物の混入を防ぐかになります。ただし、なぜか地球外生物がATPをエネルギー源としているか否かは、問題にされていません。

SECTION 44

遺伝子の配列を読むにはATPが使える

ピロシークエンス法

遺伝子配列を読む方法にホタルの生物発光を用いたピロシークエンス法があります。次ページの図5-3を見てください。DNAが伸長する際、親鎖と言われる一本鎖の鋳型DNAは3'末端からA・G・T・C・Tとなっています。これに逆方向に5'側からT・C・AとDNAは伸長します。伸長する際、DNAポリメラーゼによりA、G、T、Cの核酸が1個ずつ選択され結合、DNA鎖として合成されます。実際には、鋳型DNAに合成の先導となるプライマーの3'末端に鋳型に対応するデオキシリボ核酸(dATP、dCTP、dTTP、dGTP)がDNA鎖として結合、1個伸びる毎にピロリン酸(PPi)を生成します。具体的には、伸長するT・C・Aの次に塩基Gが、その次には塩基Aが結合します。

●図5-3

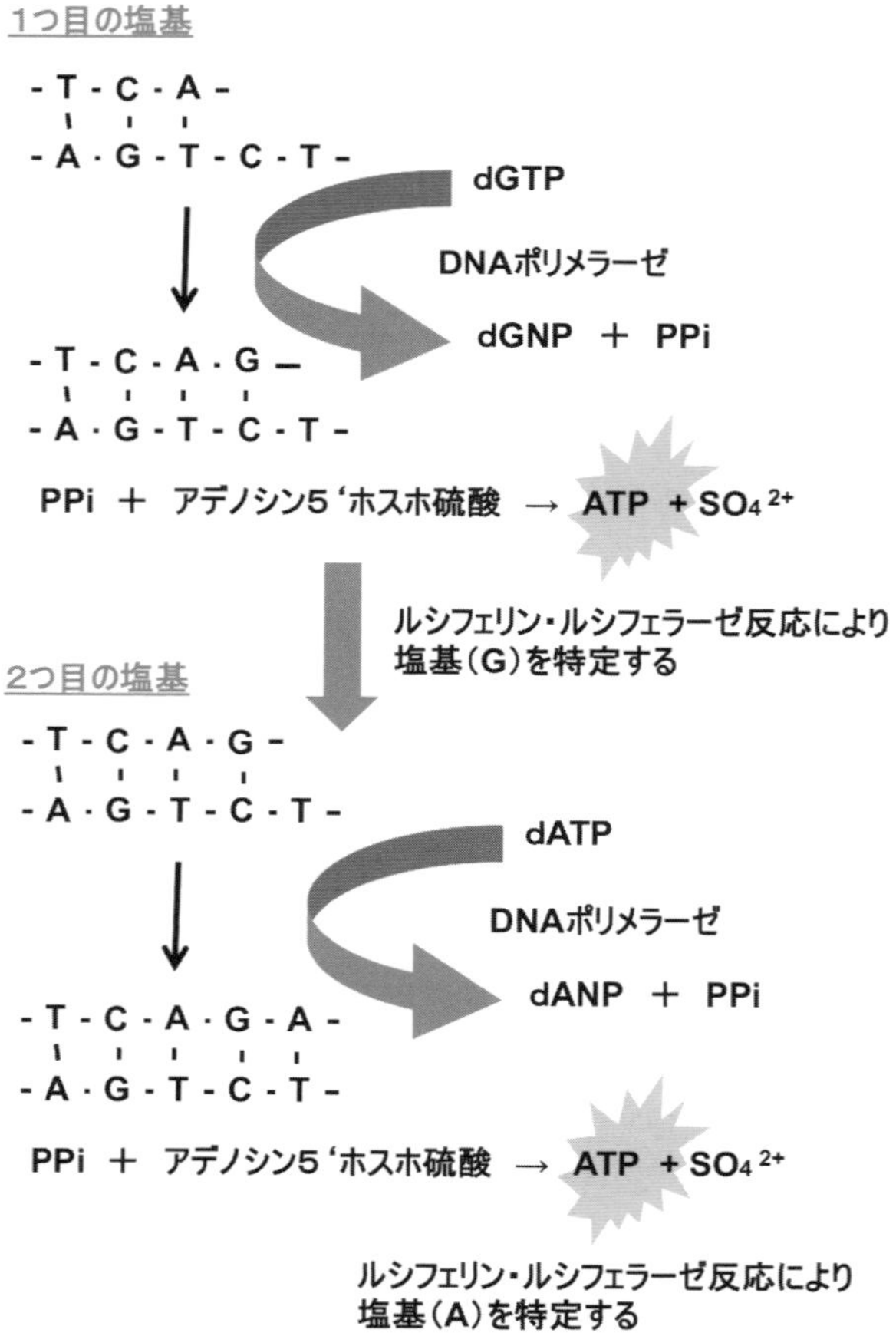

ホタルのルシフェリン・ルシフェラーゼ反応を利用してDNA配列を読む。

ピロリン酸はATPに変換できる

生成するピロリン酸はホタルルシフェリン・ルシフェラーゼ反応では測定できませんが、ピロリン酸はATPスルフリラーゼという酵素の触媒作用でアデノシン5'ホスホ硫酸と反応しATPが合成されます。ATPが合成されれば、ホタルルシフェリン・ルシフェラーゼ反応で光として検出されます。どのデオキシリボ核酸を入れた時に光が検出されたかを調べることで伸長した核酸を特定します。この方法を繰り返すことで遺伝子配列が決定されます。

一塩基多型（SNPs）とは

DNA配列は人それぞれで少しだけ異なっています。異なっている部分を変異部位と、そして1つの塩基だけ変異したものを一塩基多型（SNPs）と、その判定法をSNPs解析とよびます。例えば、DNA修復や細胞増殖サイクルを制御するp53遺伝子はガン化マーカーの1つですが、一塩基多型を持ち、ガンのなりやすさと関係すると考えられています。つまり一塩基多型を知ることによって、ガンのなりやすさを知ることができます。最も簡便な検出方法の1つとしてピロシークエンス法が利用されています。

✦ガンのなりやすさを判定する

次ページの図5-4ではｐ53の鋳型ＤＮＡの野生型ではＡの場所が、変異型ではＴになっていることを示しています。ＳＮＰs解析する際、対象となる一塩基多型の手前まで結合するように設計されたプライマーを鋳型ＤＮＡに結合させます。その後、ＤＮＡポリメラーゼ存在下でデオキシリボ核酸を加えます。

図の場合、鋳型塩基Ａに対してｄＴＴＰを加えれば反応によりＴが結合すると共にピロリン酸が生成します。ピロリン酸をＡＴＰに変換すれば、ルシフェリン・ルシフェラーゼ反応により発光が確認され、野生型のｐ53の持ち主であると判断できます。つまり発光が確認できなければ、変異型となります。個別化医療が進む現在、個人の個性でもある一塩基多型を知ることにより、薬や治療の選択が可能になります。

●図5-4

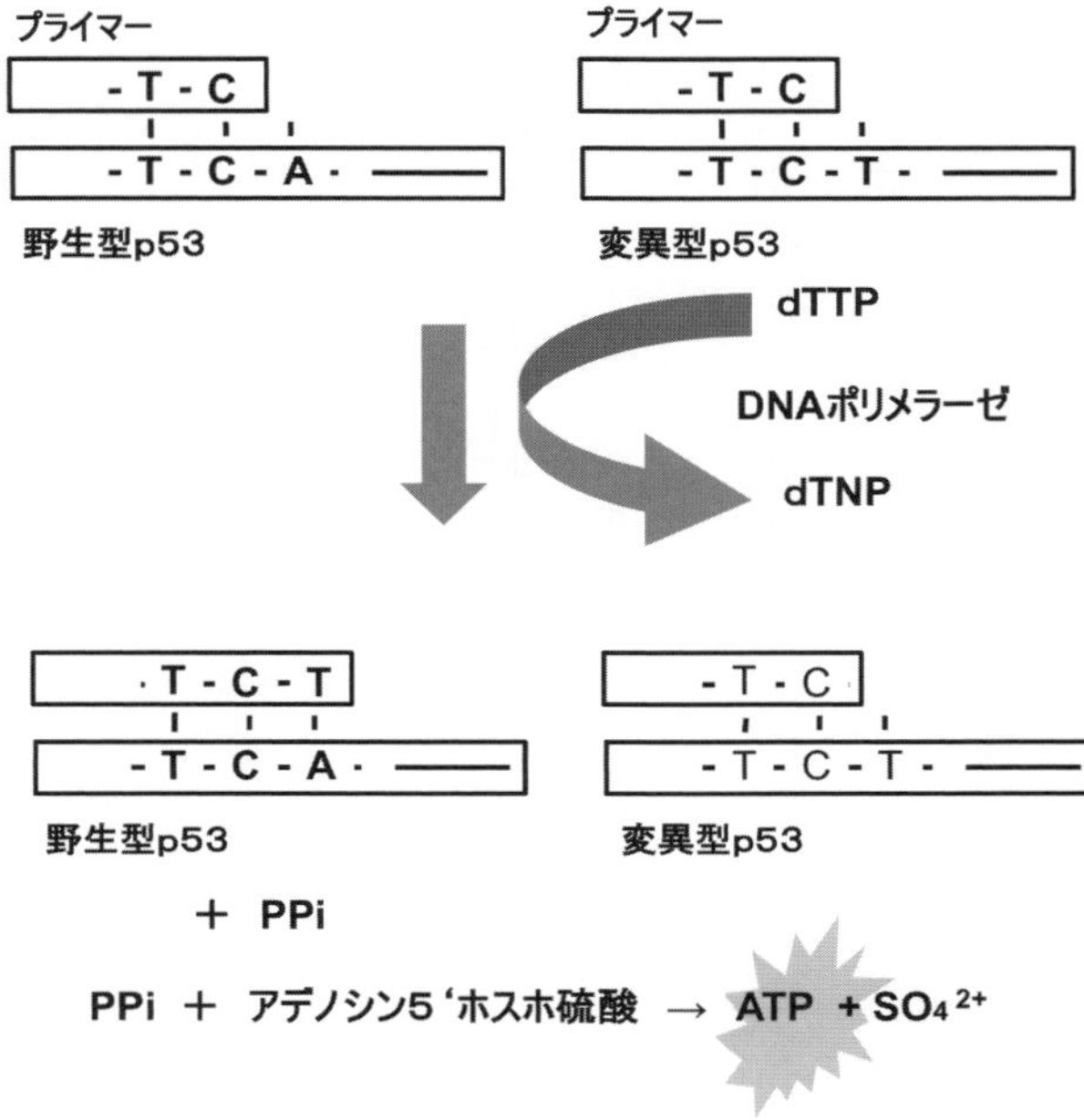

ホタルのルシフェリン·ルシフェラーゼ反応でATPを検出し、ガンのなりやすさを判定、1分子多型を解析する。

SECTION 45

ルシフェリンは環境インディケータに変身

ホタルルシフェリンの生合成経路を利用する

ホタルルシフェリンは初めにアミノ酸の1つであるシステインと8-キノンという化合物が反応、いくつかの反応段階を経て生合成されます。よって、合成されたルシフェリンとルシフェラーゼを反応させれば、反応条件によりシステインあるいは8-キノンを発光量で定量できます。

つまり8-キノンを過剰にすれば、発光量はシステイン量に相関することからシステイン量を、一方システイン量を過剰にすれば8-キノン量を定量できます。

土壌の汚染物を測る光

アジア諸国では農薬に含まれる化学物質による農地の汚染が大きな問題になっています。特に土壌中に含まれるはハロゲン化フェノール類が有害汚染物質の1つです。

タイの研究者たちは、ルシフェリンの生合成経路をベースに土壌中のハロゲン化フェノールの簡便な定量法を提案しました。図5-5に示すように、デハロゲナーゼ酵素を用いてハロゲン化フェノールから

●図5-5

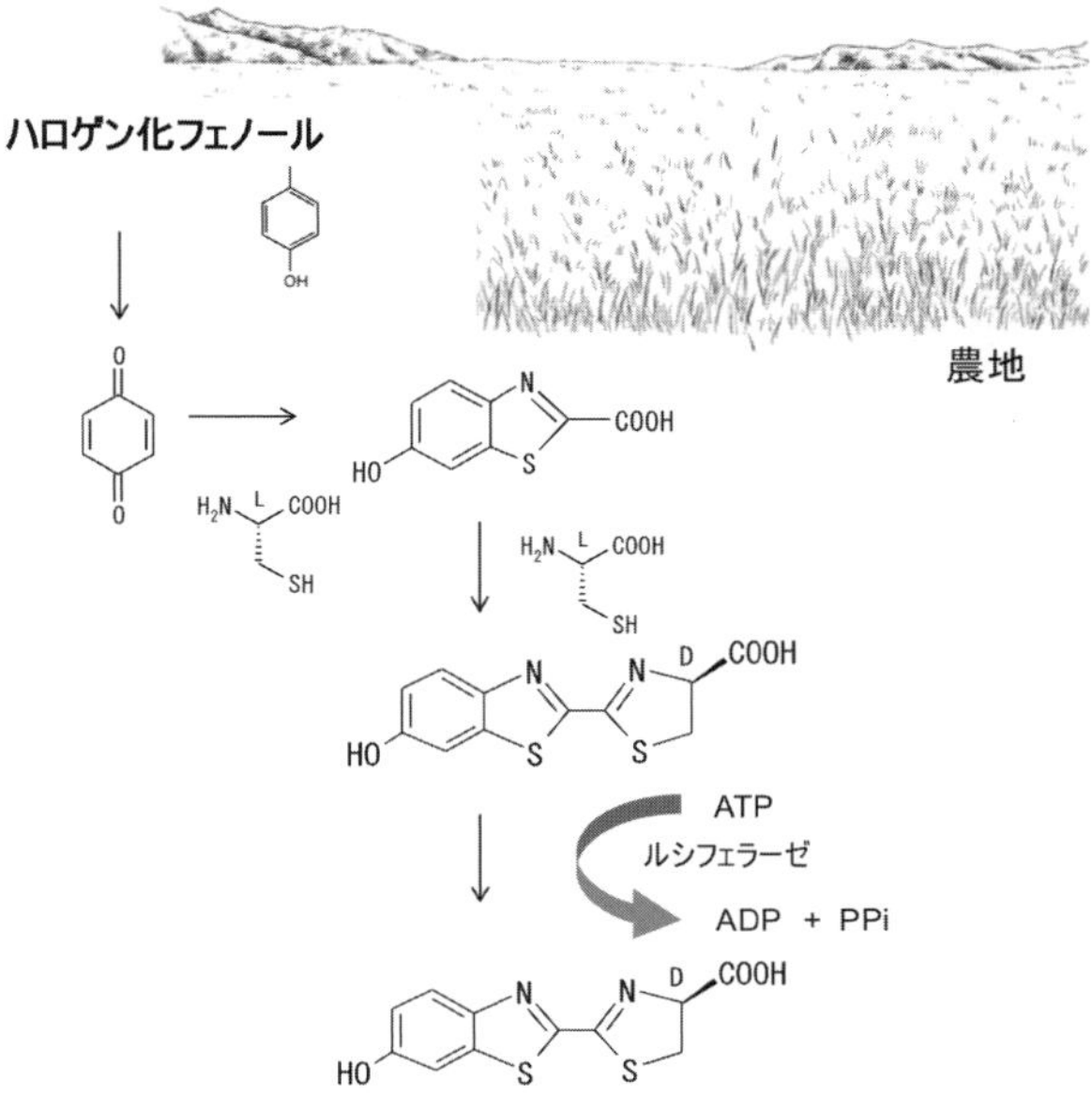

ホタルの生合成系を利用することで有害汚染物質ハロゲン化フェノールをホタルルシフェリンに変換し、ルシフェリン・ルシフェラーゼ反応で土壌中のハロゲン化フェノール類を定量する。

８-キノン関連化合物を合成し、さらにシステインと反応させることでルシフェリンが合成されます。

ここまでくれば、ルシフェラーゼとＡＴＰを加えれば発光するので、発光量から八ロゲン化フェノール量を定量できます。今後、スマートフォンを検出系として使用すれば、農地の現場で簡単に土壌汚染を調べることができるでしょう。

SECTION 46

バクテリアの生物発光で何が見える

発光バクテリアは魚肉や動物の肉を放置しておけば増殖するくらいなので、比較的容易且つ安価に培養でき、凍結ストックも可能です。

動物や植物ほど高度な生体システムではありませんが、環境の変化やある種の化学物質に応答し発光量が変化します。そんな発光バクテリアの性質を利用することで、私たちの周りの安心、安全を叶える技術となっています。

発光バクテリアの光る力は？

バクテリアの発光にはαとβの二量体タンパク質のルシフェラーゼ、テトラデカナールのような飽和長鎖脂肪酸アルデヒド、還元型フラビンモノヌクレオチド（$FMNH_2$）と酸素が必要です。ルシフェリンの役割をするのが、飽和長鎖脂肪酸アルデヒドと$FMNH_2$が反応した中間体です。

ユニークな点は関連する遺伝子群であるルシフェラーゼαβ(luxA、luxB)、3つのアルデヒド合成酵素(luxC、luxD、luxE)、及びこれら5つの酵素の発現を制御する遺伝子(luxR、luxI)が1つのパッケージになっていることです。これをlux遺伝子群(luxオペロン)といいます(図5-6)。このlux遺伝子を大腸菌に組み入れることで遺伝子組み換えした生物発光する大腸菌を作ることができます。

●図5-6

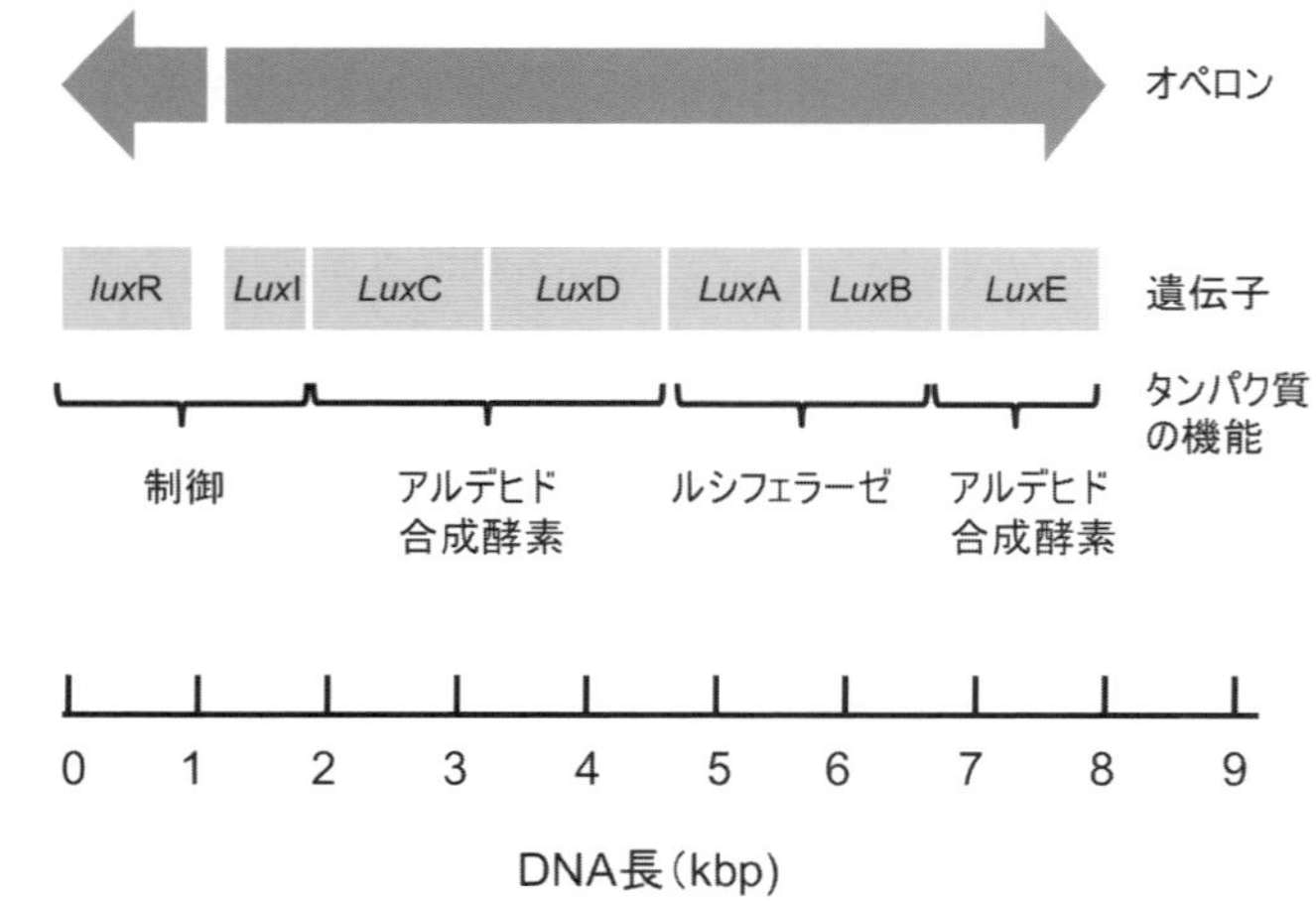

発光バクテリアの発光のためのlux遺伝子群。前長8000ベースにコンパクトにまとめられている。

✦水質、土壌の汚れを測るバクテリア

生物応答に基づく全排水毒性評価法というものが提案され、メダカの急性毒性試験、ミジンコの遊泳阻害試験やミカヅキモの成長阻害試験などにより化学物質などの環境中の毒性を評価することが行われています。これら全排水毒性評価法の1つが発光バクテリアの発光阻害試験です。方法は簡単で、発光バクテリアに有害な物質を含む排水を加え、発光量の減少を指標に排水の有害性を評価します。また、ISO11348という国際規格化された方法では、Vibrio fischeri NRRLB-11177株を用いて、重金属等の妨害物質と発光バクテリアを接触させ発光量の減少を指標とすることで、毒性を評価します。

✦安全を守る、外国ではこんな例もある

大腸菌の中にも他の生物と同じように、異物を感知して遺伝子発現が変化します。ユニークな例として、イスラエル・エルサレム大学のグループはTNT火薬及びそ

の分解物の蒸気を認識できる遺伝子を大腸菌の中から見つけました。彼らは、TNT火薬に応答する遺伝子を制御系としたluxオペロンの一部を大腸菌に導入し、地上に埋められた地雷を発光で検出する方法を生み出しました。真っ暗闇の砂漠にTNT火薬感知大腸菌をまき、高感度のカメラを搭載したドローンで地雷を発見するそうです(図5-7)。

●図5-7

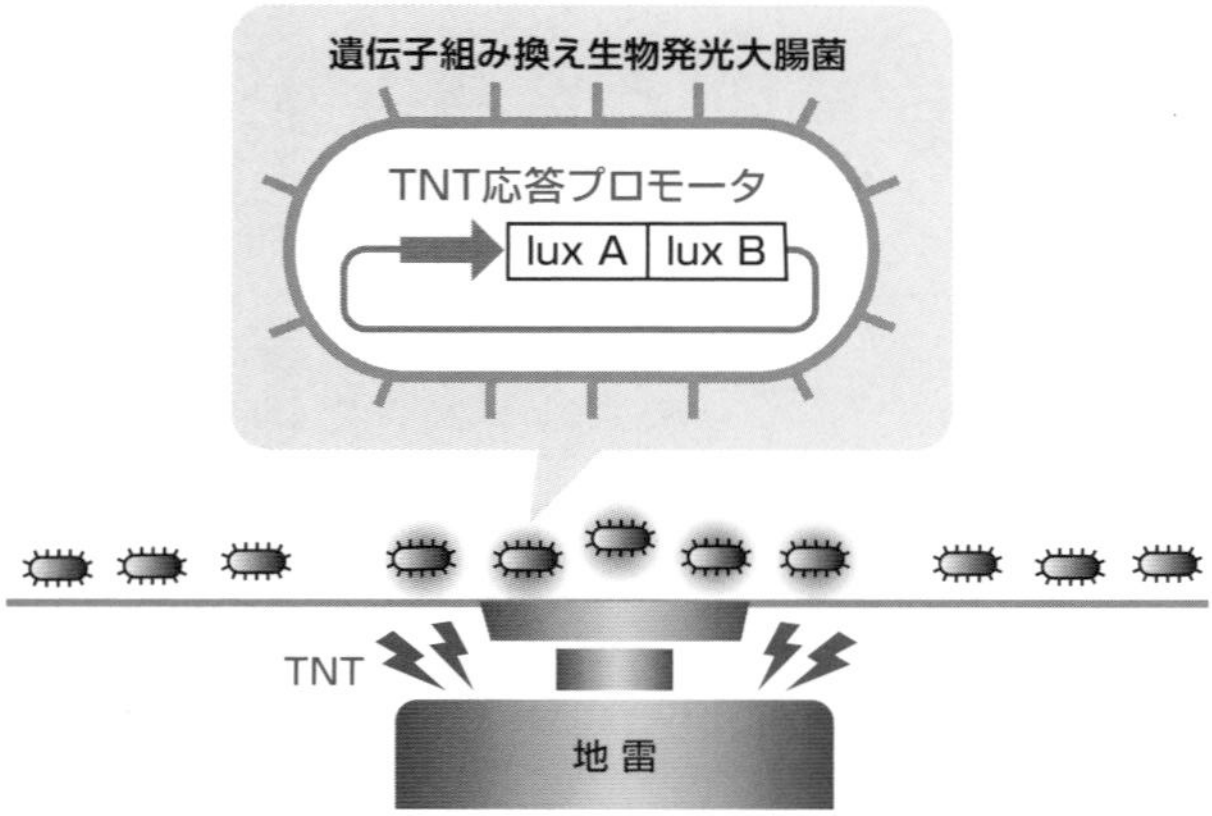

TNT火薬感知大腸菌による地雷の検知。TNT火薬を検出するプロモータにバクテリアルシフェラーゼを挿入した大腸菌により地雷を検知する。

SECTION 47

あなたも培養できる発光バクテリア

発光バクテリアは海中に浮遊するものと、魚の発光器官に共生するものがあります。新鮮なイカの切り身を塩水や海水に浸し、一昼夜放置すると、イカの切り身の表面に青い光が確認できます。この光の正体が発光バクテリアです。少しでも光を観察出来れば、それを下の表で示すような培地で育てることができます。教育教材として考えるなら、培地に2〜3%程度のアガロースを加えオートクレープで滅菌した寒天培地シャーレを作製し、その上に播種しましょう。一昼夜放置すれば、光るコロニーを観察することができます（第1章のセクション2がプレート上の発光バクテリア）。

●発光細菌の培地組成（蒸留水1Lあたり）

成分	成分量
NaCl	30g
ポリペプトン	5g
魚肉エキス	3g
グリセリン	4g
0.5M リン酸緩衝液（pH 7.0）	2ml
$MgSO_4 7H_2O$	0.2g

※ pH7.0 になるように NaOH で調整する

また、NaCl濃度を0・5から3%まで変化させた液体培地で培養することで発光バクテリアの発光量の変化を目で確かめましょう。海水の塩濃度と同じ条件で最もよく光ることから、発光バクテリアが海の生き物であることも実感できるでしょう。

Chapter.6
世界を変える生物発光

SECTION 48

遺伝子情報の変化を可視化する光

21世紀は生命科学の世紀ともいわれ、生命現象を分子・細胞・個体レベルで知ることが大変に重要です。一方、生物発光の光は「冷光」と呼ばれる熱を発しない生体に優しい光です。この光を利用して生命活動や生命現象の仕組みの解明に、あるいは病原の発見や治癒させるための創薬研究に活用されています。これが、生体光イメージング(可視化)技術です。2008年には蛍光タンパク質が、2014年には超解像顕微鏡がノーベル賞を受賞したことからも光イメージングの重要性は明らかです。

ここでは生命現象の中でも「遺伝子情報の変化」を、生物発光を介して可視化する技術の可能性を、私たちの仕事を中心に紹介しましょう。

✦細胞内では刺激に対して遺伝子情報のオン／オフが変化

細胞は外部から刺激が加えられると、その刺激に対して特定の遺伝子情報が応答します。例えば、インスリンは肝臓においてグルコースをグリコーゲンとして貯蔵する指令を出します。この際、インスリンはまず細胞膜上のインスリン受容体に結合し細胞内に指令を出します。

最終的にはグリコーゲンの貯蔵を助ける遺伝子群のプロモータ領域（タンパク質の合成を指令するDNA配列）に転写因子が結合し、特定の遺伝子が転写、翻訳されタンパク質が合成されます。このような遺伝子発現のオン・オフを定量可視化する方法の1つとしてレポータアッセイがあります。

遺伝子発現を可視化する原理、レポータアッセイとは

次ページの図6-1Aで詳しく説明します。レポータアッセイではルシフェラーゼ遺伝子が組み込まれたプラスミド（環状DNA）に検出対象となる遺伝子のプロモータ領域を挿入したベクター（運び屋）を作製します。次に対象となるモデル細胞に遺伝子導入します。外部刺激によりプロモータ領域が活性化されれば対象遺伝子が転写・翻

訳されタンパク質が合成されます。同時に、導入されたプラスミド内のプロモータにも外部刺激によって指令された転写因子が結合しルシフェラーゼ遺伝子が転写、ルシフェラーゼが合成されます。

一定時間経過後、細胞破砕した液にルシフェリンを加えれば細胞内のルシフェラーゼ量を発光量で測定でき、対象となる遺伝子の転写活性の変化を評価できます。発光量を測定する装置をルミノメータと呼びます。

✦リアルタイムレポータアッセイとは

●図6-1A

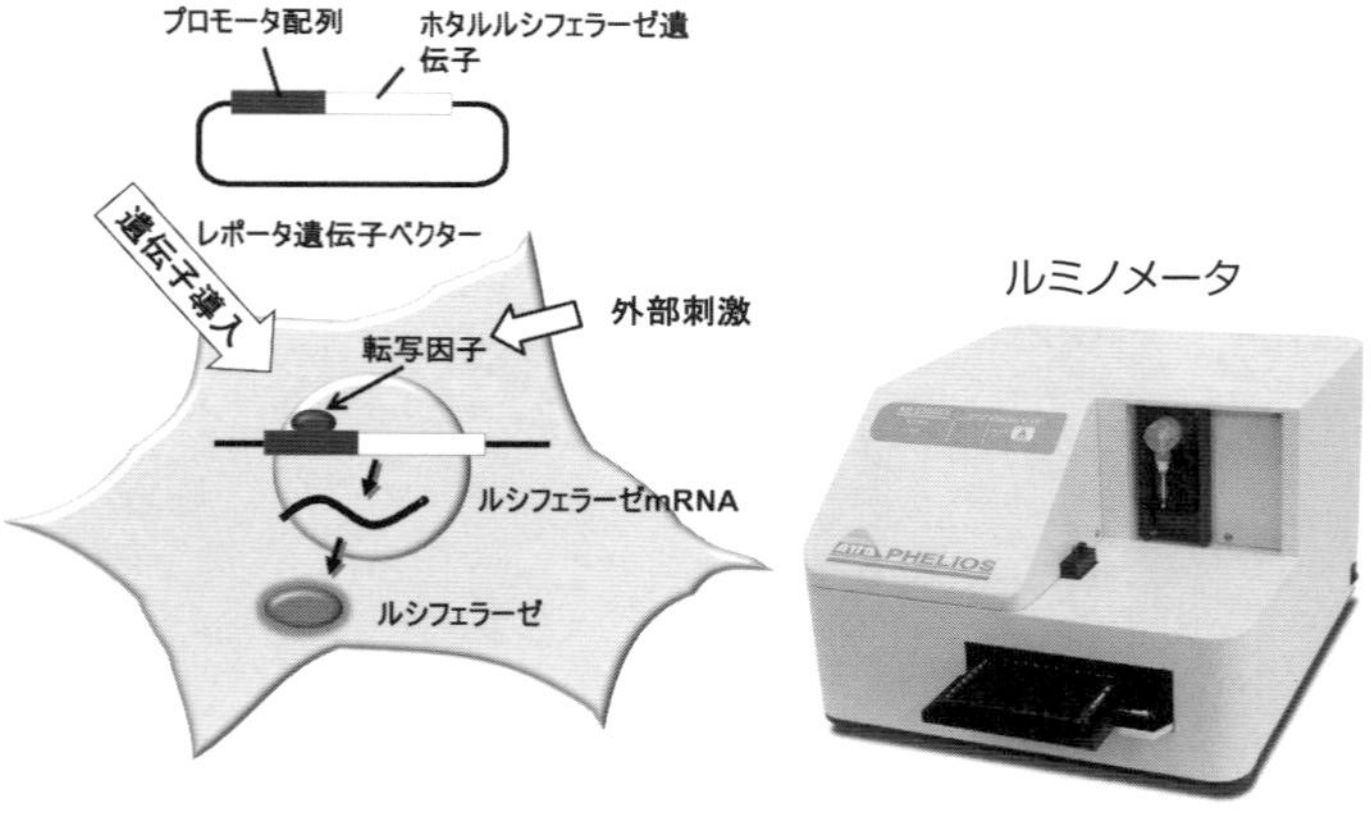

レポータアッセイの原理。ルシフェラーゼ遺伝子を挿入したレポータベクター(プラスミド)を細胞に導入。プロモータがONされるとルシフェラーゼが作られる。細胞を破砕しルシフェリンを加えてルミノメータで発光量を測定、プロモータの活性を調べる。

ホタルルシフェラーゼを用いたレポータアッセイでは、細胞破砕しなくとも生きている細胞の培養液中にルシフェリンを加えるとルシフェリンは自然に細胞内に入り、細胞内でルシフェラーゼと反応して発光します(図6-1B)。これをリアルタイムレポータアッセイといいます。

生きた細胞の発光を計測する装置を用いることで、リアルタイムに遺伝子発現を可視化することができます。例えば、免疫反応における外部刺激に対する応答や体内時計に関する遺伝子発現の変化をリアルタイムに追跡可能です。

●図6-1B

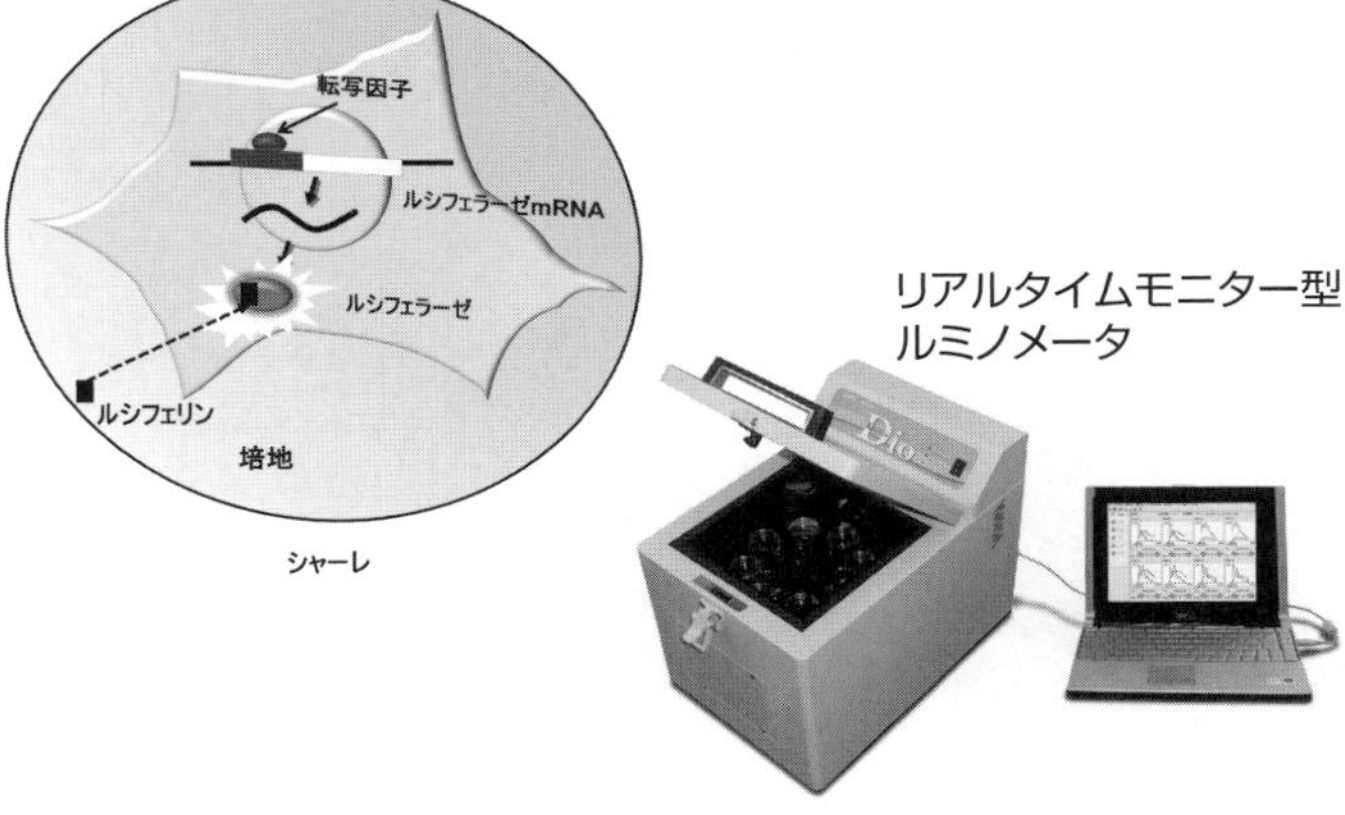

リアルタイムレポータアッセイの原理。プロモータがONされるとルシフェラーゼが作られる発光細胞の培養液にルシフェリンを加えるとルシフェリンは細胞内に入り、発光する。発光量はリアルタイムモニター型ルミノメータで測定、プロモータの活性を調べる。

✦ 複数の遺伝子発現を可視化するレポータアッセイ

第3章で鉄道虫を紹介しましたが、同じルシフェリンでありながら、ルシフェラーゼの違いで発光色が異なります。私たちは鉄道虫やイリオモテボタル由来の緑色、橙色、赤色の3色の発光を触媒するルシフェラーゼに3つの異なるプロモータ領域をそれぞれ加えたベクターを作成しました。これらを細胞内に導入すれば、同時に2つあるいは3つの遺伝子発現の変化を評価できるマルチレポータアッセイとなります(図6-1C)。異なる色の光は、例えば、フィルターを用いることで、別々に計測できます。これによって、相反する免疫応答や異なる発現パターンを持つ体内時計の遺伝子の同時モニタリングが可能になります。

●図6-1C

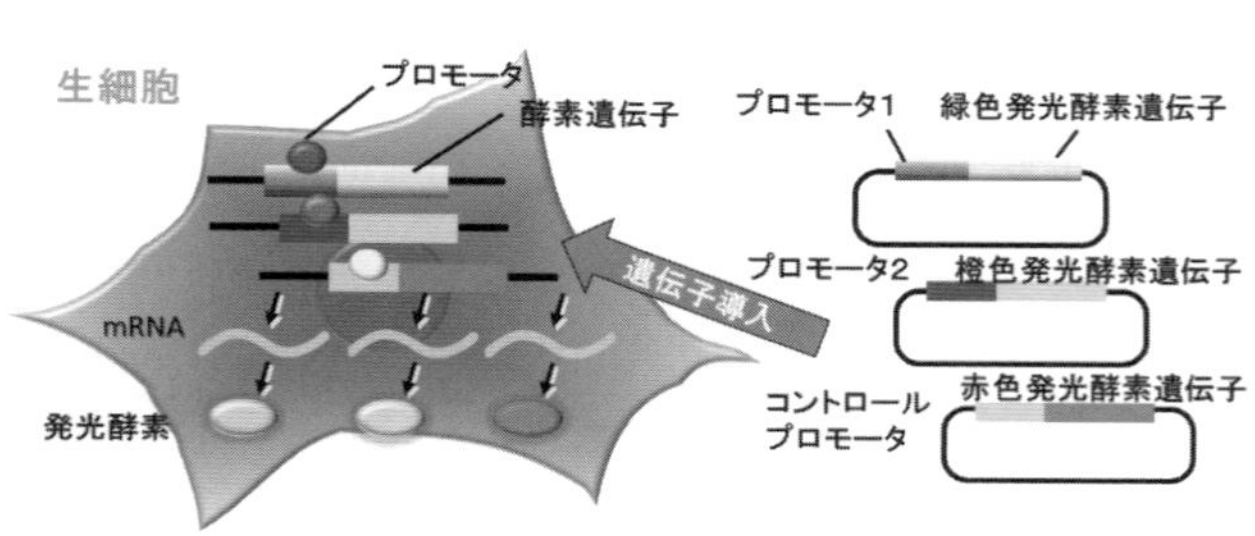

マルチレポータアッセイの原理。発光色の異なる甲虫ルシフェラーゼに3つの対象プロモータを挿入したレポータベクターを細胞に導入することで、3つの遺伝子発現を評価する。

SECTION 49

細胞の免疫力を可視化

健康食品のキーワードは免疫力

現代社会において、多くの人々が健康に気を使い、消費者庁の定める特定保健用食品や機能性表示食品に関心を持っています。特に後者の場合、「○○の機能があると報告されております」は消費者のニーズに答えるフレーズです。「○○」の中でも「免疫」はキーワードの1つです。

人の健康維持には免疫力が重要ですが、では、どのように免疫力を可視化するのでしょうか？免疫力は免疫の抑制と促進のバランスの上に成り立ち、サイトカインと呼ばれる低分子タンパク質群がバランスに関与しています。

✦免疫力を遺伝子発現で検証

私たちは炎症を抑え免疫を活性化させる食品成分を見つけるため、炎症を促進するＩＬ６（インターロイキン６）と抑制するＩＬ10（インターロイキン10）を評価するホタルルシフェラーゼのレポータ細胞を構築しました。具体的には、それぞれの遺伝子のプロモータ領域とルシフェラーゼ遺伝子を結合したベクターを免疫細胞に導入、その細胞の培養液中に食品成分を加えます。

図６-２では、ＩＬ６とＩＬ10の遺伝子発現をリアルタイムに測定した

●図6-2

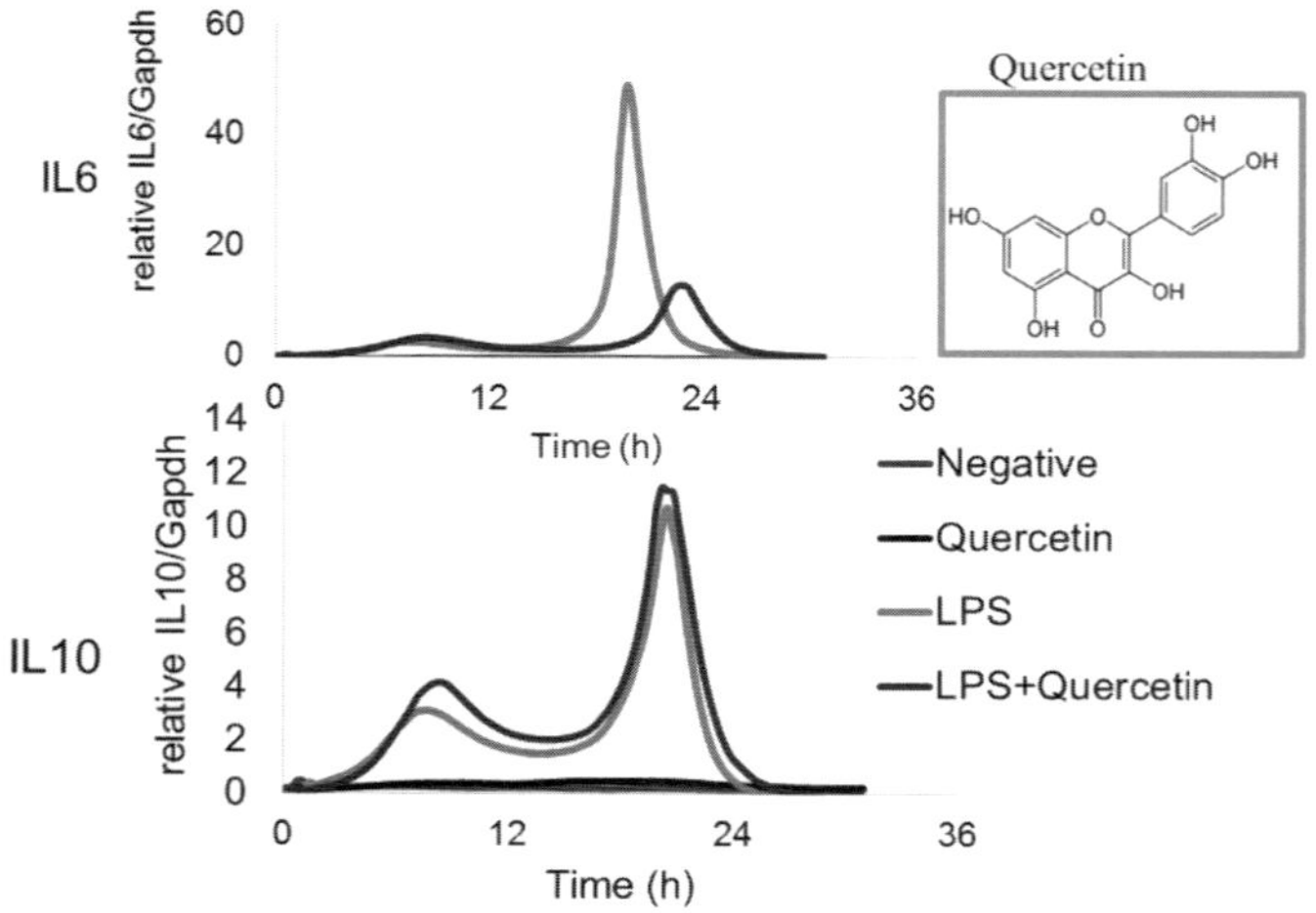

天然化合物の免疫に及ぼす影響を評価した例。二つの免疫応答遺伝子（IL6とIL10）のリアルタイムレポータアッセイすることで玉ねぎに含有する化合物の効果を評価する。（データ提供：産業技術総合研究所：斎木パパウィー博士）

例です。この実験では初めにレポータ細胞に毒素の一種ＬＰＳ（リポ多糖）を加え炎症状態とし、そこに玉ねぎに含まれるフラボノイドの1種クェルセチンを加えました。

炎症は20時間程度で最大を迎えますが、クェルセチンを加えることで炎症を促進するＩＬ6を抑制されますが、炎症の抑制効果を持つＩＬ10に影響を及ぼさないことがわかりました。つまりクェルセチンは炎症の促進を妨げ、炎症を抑制する免疫効果があることが明らかになりました。例えばこれによって、クェルセチンを多く含む玉ねぎは「機能性表示食品」と表示可能になります。

SECTION 50

化粧品の安全性を可視化

化粧品の安全性は細胞が監視する時代

薬には副作用があるものもあり、医師は投薬しながら有効性と副作用を確認することが可能です。よって創薬の現場では薬効性が重要です。一方、化粧品は、常時使うものであることから有効性もさることながら毒性が全くないことが最も重要です。そのような状況にも関わらず、創薬の現場では動物実験が可能で、より広く安全性を確認できますが、化粧品開発の現場では動物愛護の観点から動物実験は禁止の方向に進んでいます。

3R「Reduce(削減)、Reuse(再利用)、Recycle(リサイクル)」の考え方を元に、化粧品の原材料の安全確認は細胞を用いた方法が一般的になりつつあります。さらに化粧品の輸出入ではOECD(経済協力開発機構)が細胞を使ったガイドラインに従うことを義務付けています。

鉄道虫のルシフェラーゼが安全性を監視

私たちは異なる発光色を持つ鉄道虫ルシフェラーゼをベースに皮膚感さ性試験IL-8 Luc法(OECD442E)を開発しました。皮膚感さ性とは単一の化合物または混合物が皮膚に接触した後に起こるアレルギー反応の一種です。化粧品は繰り返し皮膚に塗布することから、皮膚感さ性を示すものは炎症(かぶれ)を引き起こす可能性が高いと考えられています。

種々の解析の結果、皮膚の炎症の危険度を評価する免疫系の重要なサイトカインとしてIL-8(インターロイキン8)を、一方、細胞自体の状況を知るコントロールとしてハウスキーピング遺伝子GAPDH(グリセルアルデヒド-3-リン酸デヒドロゲナーゼ)を用いることにしました。

そこで、IL-8とGAPDH遺伝子のプロモータ領域を最適化し、赤色、橙色発光ルシフェラーゼ遺伝子に挿入した2つのベクターを構築、THP-1細胞(ヘルパーT

細胞由来）に導入し安定発現株を樹立しました。この細胞株を用いるとおよそ24時間で化学物質の皮膚感さ性を評価できます。各種バリデーションを経て、２０１７年10月にガイドライン化されました。この細胞を使った場合、80％以上の確率で皮膚感さ性物質を特定できます。他の細胞も併用することで１００％安全な化粧品の開発を目指しています。

SECTION 51

細胞の中の体内時計を可視化

私たちは24時間の日周サイクルの中で生きています。この24時間サイクルに合わせるように身体の生理現象は同調していますが、これを支えるのが細胞内に存在する体内時計です。

✦体内時計とは

細胞内の体内時計は複数の時計遺伝子に支えられ、それら体内時計関連のタンパク質の発現は24時間周期で増減を繰り返しますが、増減パターンは12時間ずれている2つの群に大別されます。代表的な時計遺伝子のピリオドPerとビーマルBmal1は24時間の日周変動しますが、ほぼ12時間ずれた位相を持っています。

これらのタンパク質群が遺伝子発現を制御するプロモータ領域に結合しあうことで

24時間周期のループを形成し、体内時計として体内の生理現象を調整するのです。

✦世界で初めての2色の光で体内時計を知らせるマウス

12時間位相の異なる24時間周期に変動する時計遺伝子は全ての臓器の細胞にも本当にあるのでしょうか？私たちは赤色と緑色の2色の発光色をもつ鉄道虫の2つのルシフェラーゼを用いて、これに挑戦しました。

はじめにPer遺伝子プロモータの下流に赤色ルシフェラーゼを、Bmal1遺伝子プロモータの下流に緑色ルシフェラーゼを挿入したベクターを構築し、それぞれをマウス受精卵に注入し赤色発光TGマウス、緑色発光TGマウスを樹立し、次にそれらを交配、掛け合わすことで2色に発光遺伝子導入マウスを作製しました。（TG：トランスジェニックとは遺伝子導入あるいは改編を指す）

図6-3Aは2色マウスから各臓器組織を取り出し、組織ごとに遺伝子発現をリアルタイムに計測した結果です。2つの時計遺伝子は24時間周期を12時間ずれながら繰り返すことが明らかになりました。ただし、臓器によって少しずつ24時間周期が異なっ

ていることも判明しました。

✦1個の細胞の中の体内時計を可視化

先程の例は体内の組織の体内時計を追跡した例ですが、では1個の細胞ごとにも正確に体内時計は動いているのでしょうか? そこで、Bmal1遺伝子のレポーターベクターを導入した発光する細胞を作製しました。細胞1個レベルの光を可視化できる発光イメージング装置を企業と開発しました。発光する細胞を観察した結果、1個ず

●図6-3A

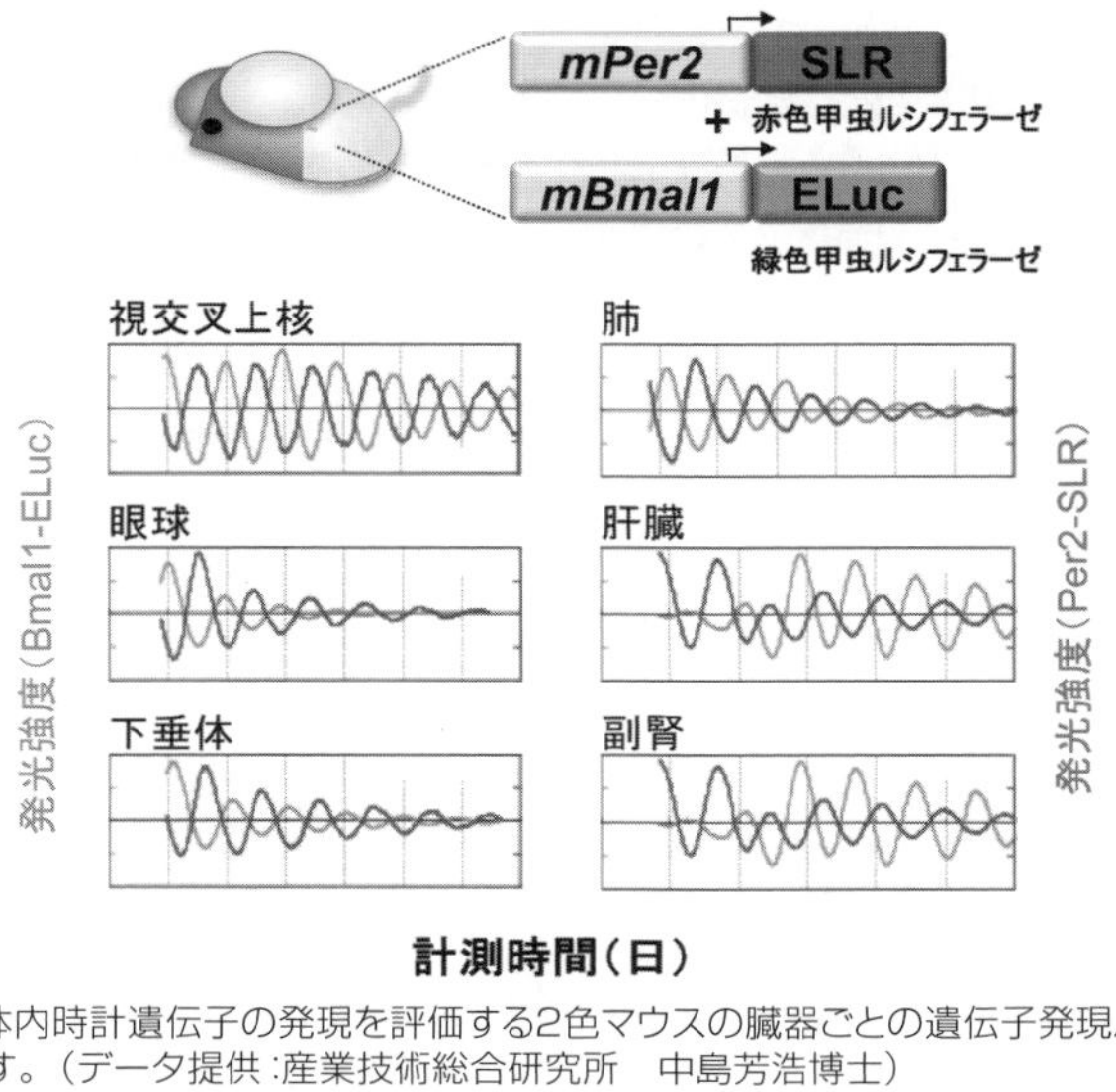

2つの体内時計遺伝子の発現を評価する2色マウスの臓器ごとの遺伝子発現パターンを示す。(データ提供:産業技術総合研究所　中島芳浩博士)

つの細胞の中で1つの遺伝子が24時間周期で発光する様子が観察できました(図6-3B)。

面白いことに細胞1個では少々乱れたものもありましたが、平均値をとれば、細胞集団と同じ結果になります。私たちは、この発光するマウスや細胞を使って、例えば時差ボケ解消に役立つ化合物など、体内時計を調整する物質を探しています。

●図6-3B

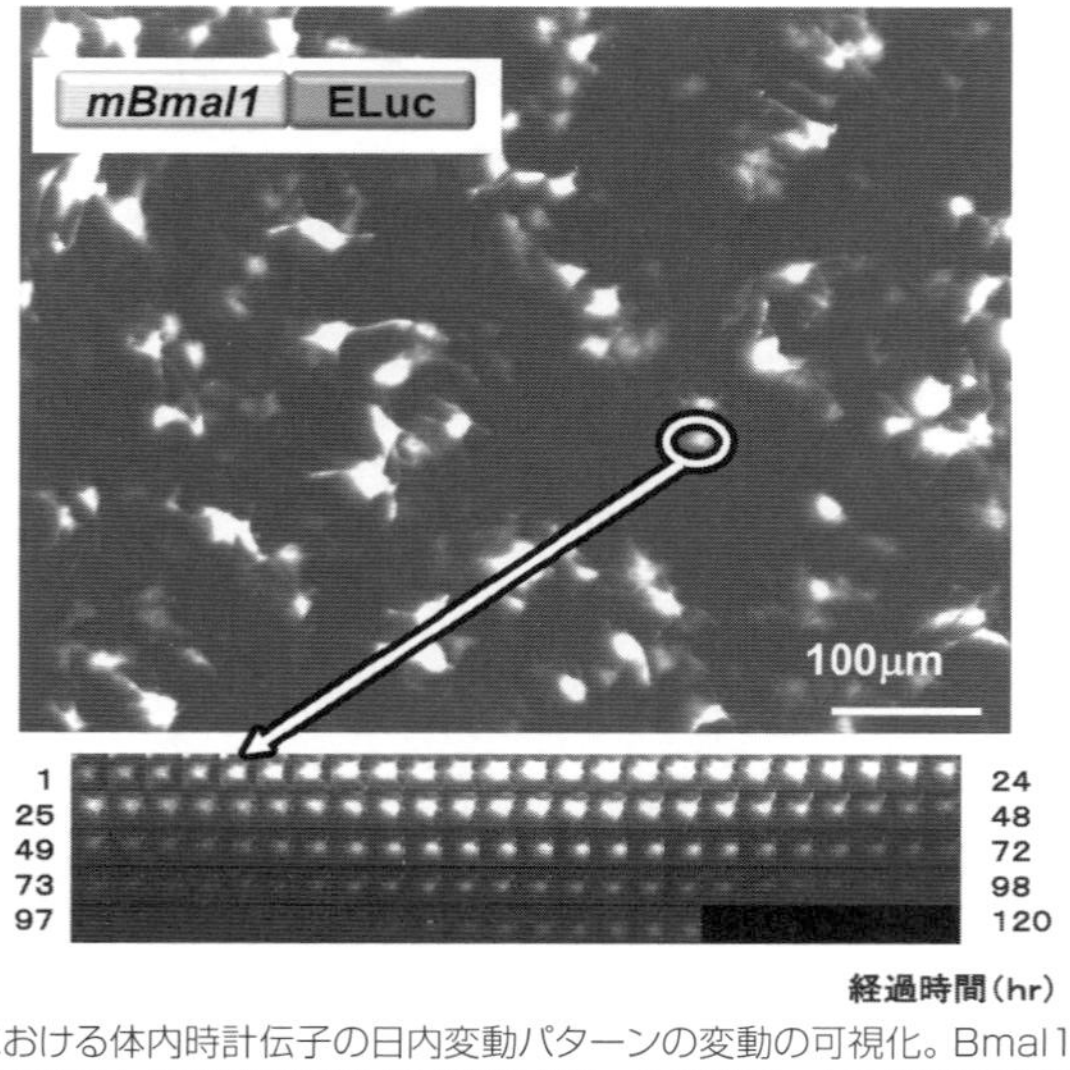

一細胞における体内時計伝子の日内変動パターンの変動の可視化。Bmal1のレポータ遺伝子を導入した細胞群の遺伝子発現パターンの中の、1つの細胞の変動パターンを下図に示す。(データ提供:産業技術総合研究所　中島芳浩博士)

SECTION 52

細胞・組織の変化を可視化する光

生命現象を支えているのは細胞内の遺伝子一つひとつの発現の変化と併せて発現したタンパク質の機能によります。それが総合的に表れるのが各臓器での細胞の変化、応答です。

ルシフェリン・ルシフェラーゼ反応の光は細胞1個ずつの変化を知るマーカーになります。ガン化した組織の進行、再生過程の組織の変化、炎症に対応する組織など、生物発光の光を通じて可視化できます。

✦ 光るガン細胞がマウスの中で増殖

日本人のおよそ10人に3人は腫瘍、ガンで亡くなっています。よってガンをいかに治療するかは大きな課題です。ガンの治療薬を見つける方法の1つとして、光るガン細胞を持つモデル動物の可視化を利用した薬効評価があります。研究者はルシフェラーゼ遺伝子を導入した悪性腫瘍発光細胞株を作製し、ヌードマウス（免疫不全マウスの一種）の生体表層部（皮下や脳など）へ移植し腫瘍研究用モデルマウスとして使います。

このモデルマウスにルシフェリンを静脈から注入すると血中をルシフェリンは循環しながらガン細胞に取り込まれ細胞内のルシフェラーゼと反応して発光します。マウスを高感度カメラで撮影することでガンの大きさを画像化し、ガンの進行を評価します。

有効なガンの治療薬があれば、発光部分は小さくなり、効果がなければ発光部分はより大きくなります。あるいはガン細胞が転移した時には別の場所の臓器が光り始めます。

●図6-4A

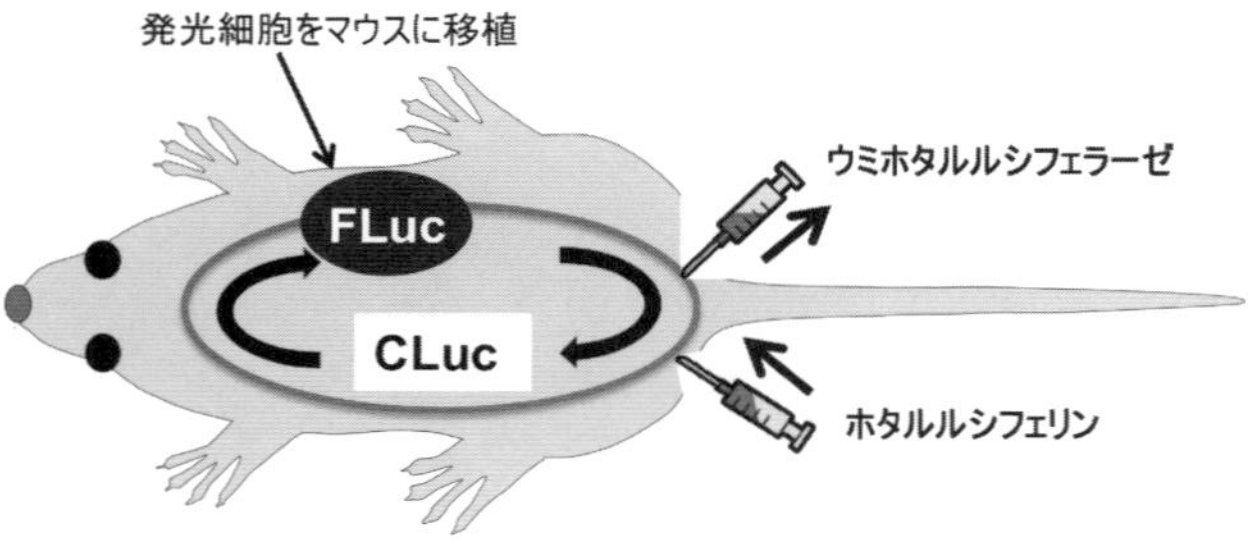

分泌、非分泌ルシフェラーゼ遺伝子をベースとしたガン細胞評価マウス。ホタルルシフェラーゼ、ウミホタルルシフェラーゼ遺伝子を挿入した細胞を移植したマウスの概念図を表す。

小さいマウスの負担を軽減するガンの可視化

私たちはホタルルシフェラーゼとウミホタルルシフェラーゼの2つが発現する2色発光ガン細胞を作製しました。この光るガン細胞の特色は、ガン細胞において発現したウミホタルルシフェラーゼは細胞外に分泌されマウスの血中を循環することです(図6-4A)。

図6-4Bに示すように、数日間隔でマウスから極少量の血を採取すれば、血中のウミホタルルシフェラーゼ量を発光で確認、ガン細胞の大きさ、進行具合を評価します。また、時にはホタルルシフェリンを静脈から注入

●図6-4B

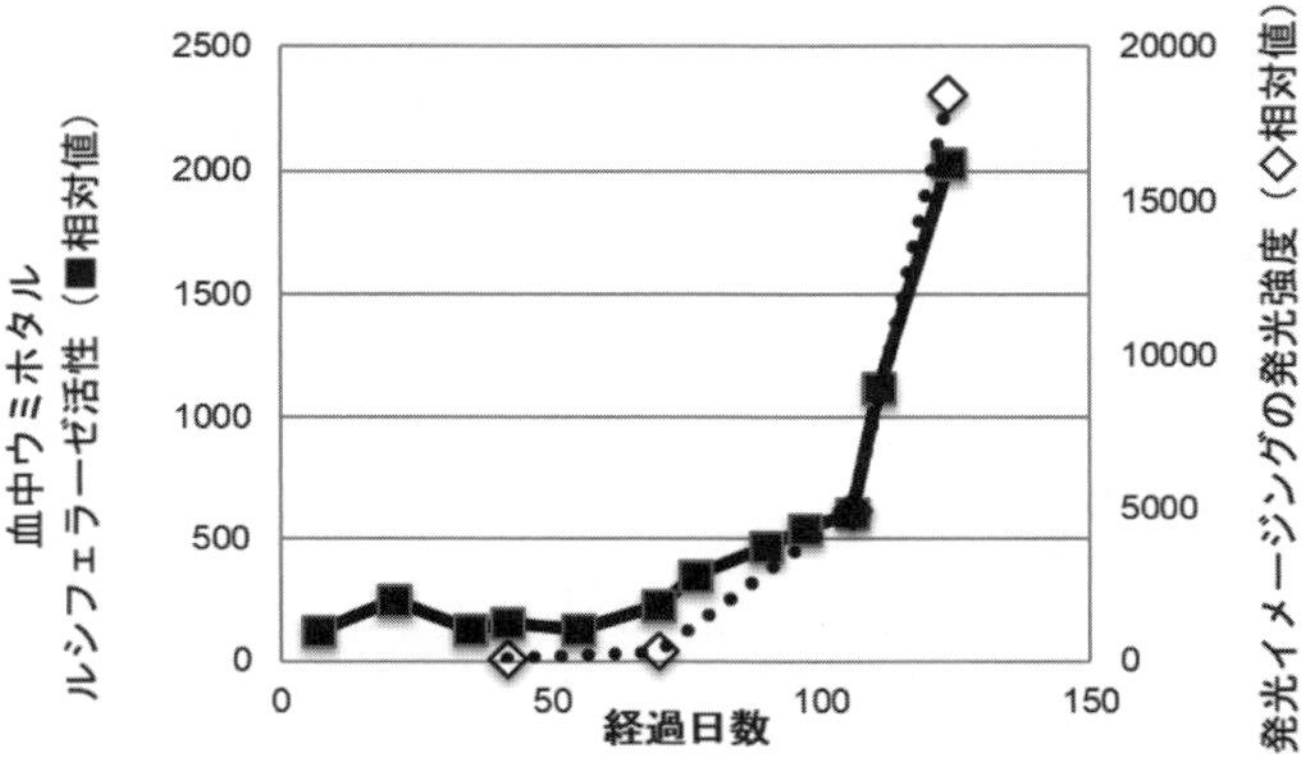

血中のウミホタルルシフェラーゼの発光量(■)、in vivo発光イメージングから求めた発光強度(◇)を表す。

し、マウスを高感度カメラで撮影すれば、ガン細胞の広がりを画像として評価できます(図6-4C)。

この方法の利点はガン細胞の大きさと広がりの両方を評価できる点です。また、画像解析では麻酔をするため小さなマウスには負担が大きいですが、この方法なら初めに血中でガンの大きさを評価し、適当な時だけ、画像解析をして大きさや転移などの広がりを評価するので、マウスへの負担を少なくできます。

●図6-4C

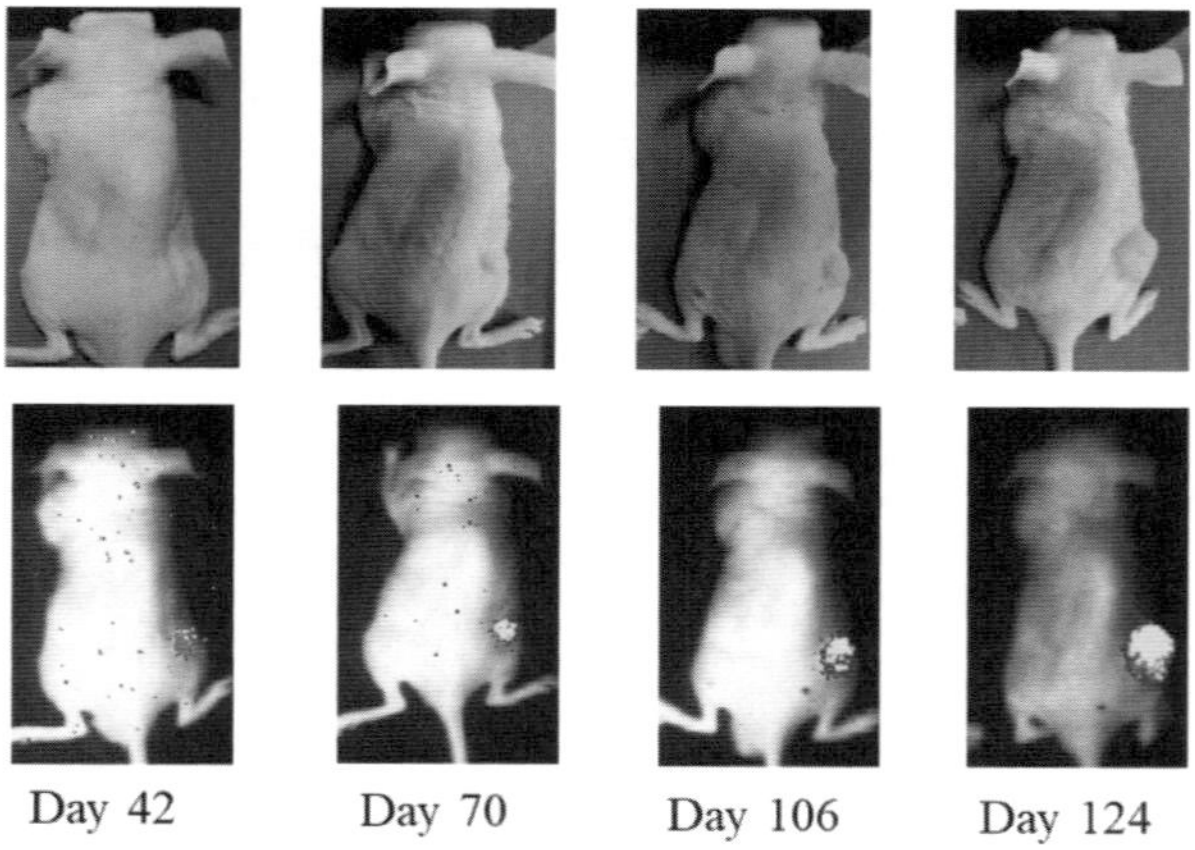

ホタルルシフェラーゼの発光を高感度カメラで撮影し、ガン細胞の増殖を観察できる。

SECTION 53

再生過程を可視化

再生メカニズムの研究にも可視化は重要

再生医療は未来の医療と言われてきましたが、既に皮膚組織や心臓組織などで具体的に製品が販売されている段階です。

現状では、外部で培養された皮膚組織や軟骨組織などの製品を移植する方法と、生体材料に近い材料を体内に導入し体内で再生を促し組織化する方法の2つの戦略があります。

いずれにおいても、研究現場では、その再生メカニズムを研究する段階や生成材料の毒性の有無を評価する段階等でイメージングの手法が用いられています。

軟骨再生段階には多量のATPが必要

私たちは、特殊な材料上での軟骨細胞の自己再生過程に興味を持ち、軟骨に再生可能なATDC5細胞にホタルルシフェラーゼ遺伝子ベクターを導入、発光可能な細胞を構築しました。

図6-5Aに示すように、特殊な材料の上でこの細胞を培養したところ、数日後に4～5時間周期で発光が点滅する現象を見つけました。

詳しく調べたところ、軟骨への分化が進む段階で再生に必要なエネルギーの

●図6-5A

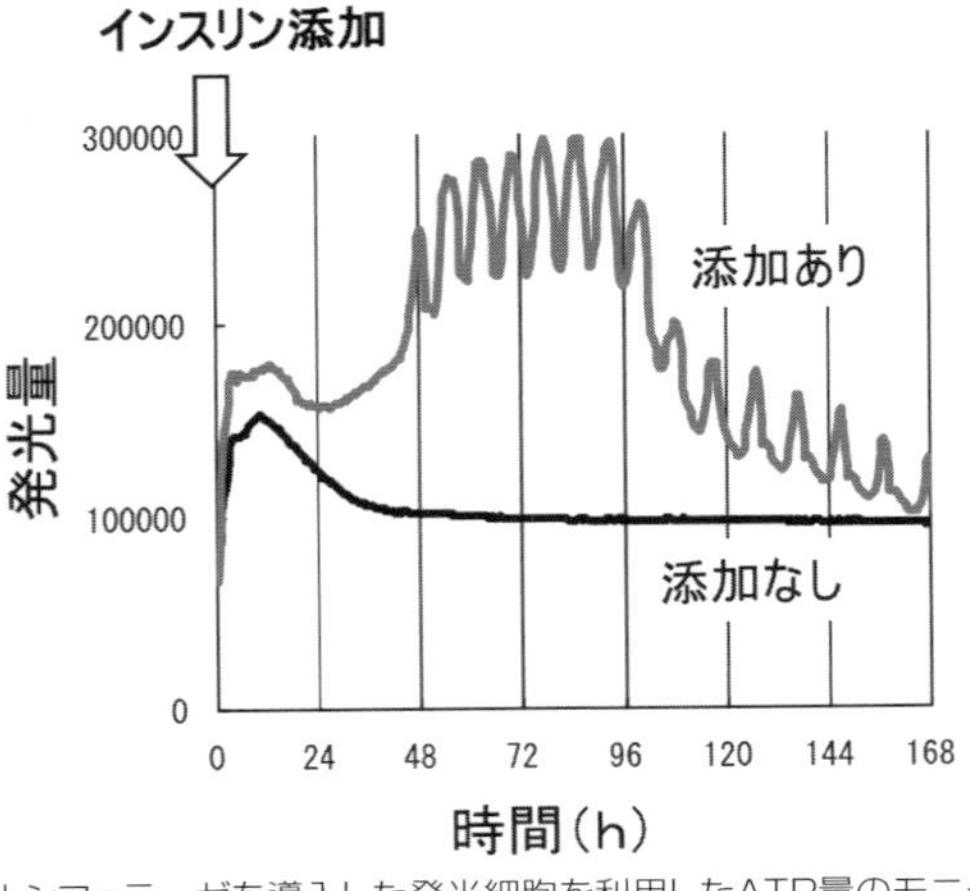

ホタルルシフェラーゼを導入した発光細胞を利用したATP量のモニタリング。発光するATDC5細胞にインスリンを加えると数日後に発光量が数時間間隔で増減する。

元ともなるＡＴＰが欠乏してしまい、そのためにホタルの発光に必要なＡＴＰが供給できず、発光が点滅することがわかりました。また、2次元で発光観察すると波打つように点滅することから、軟骨再生時には細胞間コミュニケーションがあり、順次、再生現象が起きる可能性も示唆されました（図6-5B）。

まだまだ不明な点が多い再生現象を、生物発光はメカニズムを知る上で重要な情報を伝えてくれます。

●図6-5B

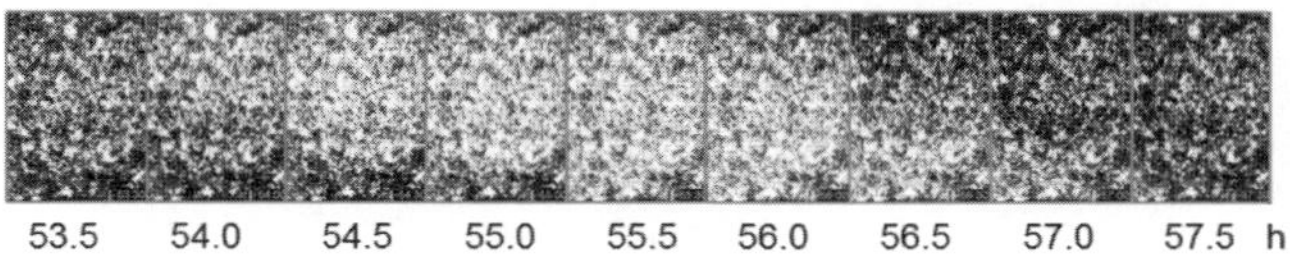

細胞集団レベルでのATPの増減が波状に観察された。

SECTION 54

体内の炎症を可視化

ATPの可視化は細胞の生死を知らせる

ATPは面白い分子です。細胞内においてはエネルギーとして生命活動の維持に必須な分子ですが、細胞の外に出れば、外に出てはいけない分子として「危険信号」として使われます。これは生物内の防御システムがATPの放出を、何らかの原因で細胞が壊れたと判断するからです。特に組織内に炎症が発生、細胞に大きなダメージを受けた際、ATPが細胞外に放出されます。ご存知の通り、ATPはホタルのルシフェリン・ルシフェラーゼ反応で可視化できます。

皮膚の炎症の度合いを可視化

皮膚の外側を覆う角質層を形成する角質細胞はテープストリッピングという方法でテープにそぎ取ることができますが、この操作によって皮膚にはストレスがかかり、一部炎症を起こしＡＴＰが放出されます。私たちは「危険信号」を可視化するため、ルシフェラーゼを結合したセルロースビーズを作製し、マウスの皮下に入れました。その後、図6-6が示すようにテープストリッピングを行うことでＡＴＰの上昇を発光で観察しました。また、ある種の抗炎症剤で処理をすることで、ＡＴＰの上昇が抑えられることがわかりました。このようにホタルの生物発光を使えば、炎症に関わるＡＴＰの変化というものを通じて、皮膚の炎症の度合いを生きた状態のままで可視化できます。

●図6-6

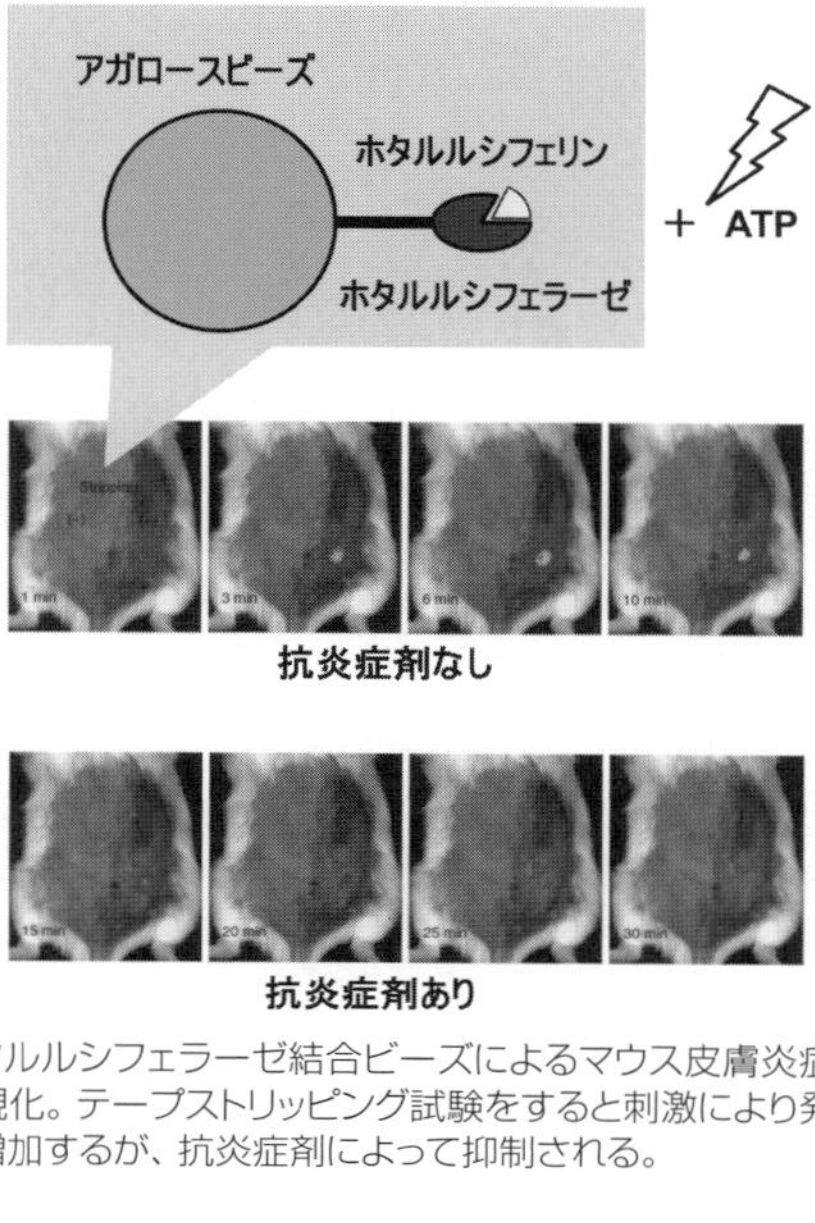

ホタルルシフェラーゼ結合ビーズによるマウス皮膚炎症の可視化。テープストリッピング試験をすると刺激により発光が増加するが、抗炎症剤によって抑制される。

SECTION 55

迅速にガンを見つける光

ルシフェラーゼの中にはタンパク質として安定なものと不安的なものがあります。主に細胞内で発光を触媒するものは熱安定性が低く分解されやすいですが、細胞の外に放出されるものは、貯蔵する必要もあり熱安定性が比較的に高く、室温で安定なものがあります。

その代表がウミホタルルシフェラーゼで、発光活性は室温なら数週間、また体温温度でも数日間は保持されます。この安定性を利用して、抗体と融合させることで、抗原抗体反応を容易に可視化することができます。

イムノアッセイとは

外部からウイルス、バクテリア、花粉などが体内に入り込むと、免疫システムはそれを異物と認識し排除するために抗体が作られます。一方、抗体は抗原を認識することから、抗原の特定及び定量を目的とした抗原抗体反応をベースとしたイムノアッセイ法に利用されます。

例えばインフルエンザの季節は、インフルエンザウイルスに対する抗体を用いて、医療現場で簡易に罹患したかどうかの判断に用いられます。また、病気の原因を探すために生体内の微量なホルモンなどの生体物質を定量する際にも用いられます。

イムノアッセイでは抗原を認識したことを示すため、標識抗体は色素染色酵素、蛍光染色酵素、あるいは蛍光性物質などと融合させ、標識抗体とします。ターゲットとなる抗原の種類によって感度、操作性、コストを元に標識の方法や測定装置が選択されます。医療現場で使われるインフルエンザの検出では、イムノクロマトグラフィーという方法で迅速に測定されます。

ウミホタルルシフェラーゼで標識した抗体は丈夫で長持ち

抗体とルシフェラーゼを融合させた酵素イムノアッセイの有効性は理解されていま

したが、例えば、ホタルルシフェラーゼの保存を含めた安定性が問題でした。その点、ウミホタルルシフェラーゼは室温でも高い安定性を保ち、操作性にも優れています。私たちは免疫や細胞増殖を制御する重要なサイトカインの1つインタフェロンの定量化を目指し、ウミホタルルシフェラーゼを用いてイムノアッセイ系を構築しました。

✦ウミホタルルシフェラーゼ標識抗体で定量化

図6-7Aはウミホタルルシフェラーゼを用いたサンドイッチ法でインタフェロンαを定量した例です。始めに標識されていない抗体を

●図6-7A

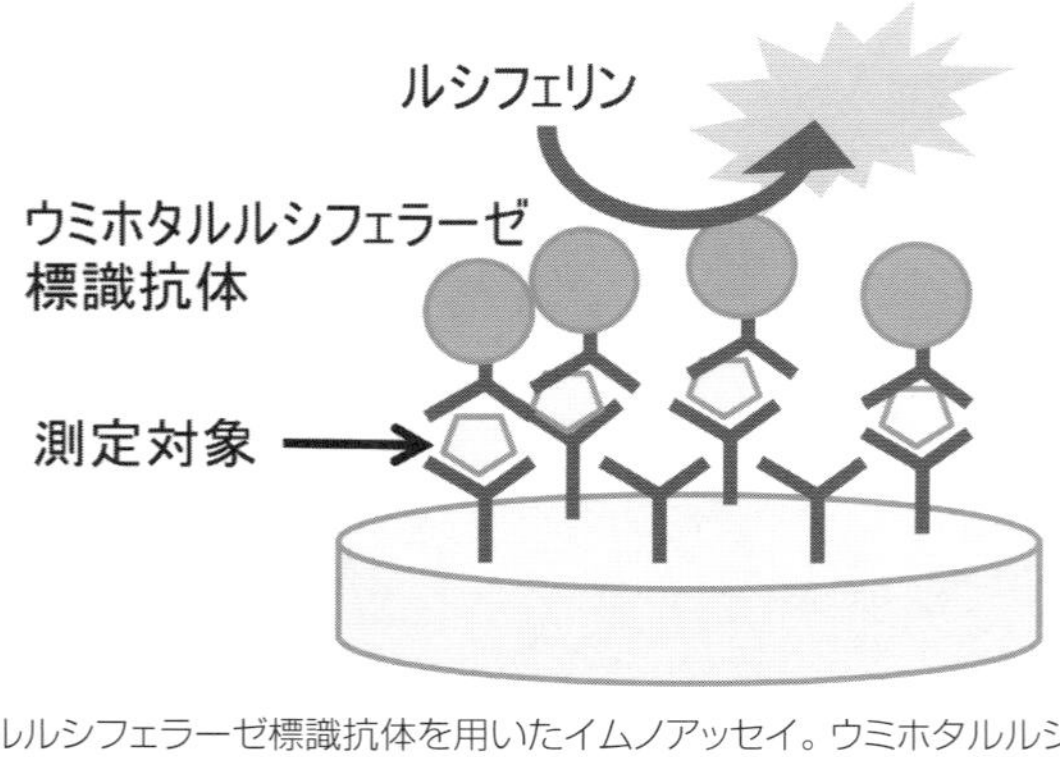

ウミホタルルシフェラーゼ標識抗体を用いたイムノアッセイ。ウミホタルルシフェラーゼ標識抗体を利用したサンドイッチイムノアッセイの原理を示す。

プレートの上に固定、次に抗原を反応させ、さらにウミホタルルシフェラーゼ標識された抗体を結合させます。洗浄後、ルシフェリンを加えれば、発光量によって抗原量を推定できます。

図6-7Bによれば、最小検出感度はβガラクトシターゼを用いた蛍光測定とほぼ同程度の数pg/mℓレベルです。他の手法、例えば化学発光法に比べて10倍以上の感度でした。また基質とのインキュベーションする時間は必要なくなり、複雑な工程を省くことができました。この方法なら、例えば蛍光測定では励起光を必要とするため装置が複雑になりますが、発光では検出器だけの比較的シンプルな装置にできることから、簡易性にも優れています。

●図6-7B

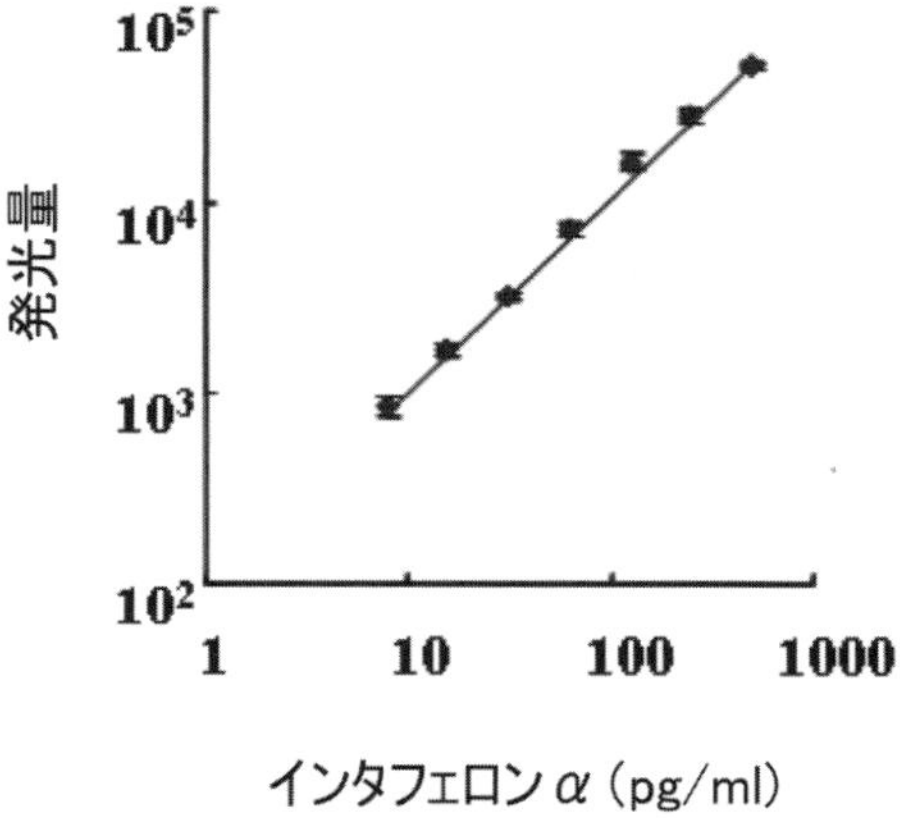

インターフェロンαをサンドイッチイムノアッセイすると高感度に検出できる。

SECTION 56

光る抗体で体内のガンを見つける

ガン細胞を光らせる条件とは

ガン細胞の可視化は、通常、発光するガン細胞を作り、それをヌードマウスに移植してガン細胞の増殖、広がりを評価する方法です。では、直接、生きたマウスのガン細胞を生物発光で可視化する方法はないでしょうか？

一方、生きたマウスのガン細胞は皮膚に近い場所とは限りません。本来、生体深部のガン細胞も可視化したいですが、生体深部には多くの毛細血管があり、そこにはヘモグロビンという可視光を吸収する生体分子があります。生体深部から光を届けるためには、「生体の窓」と呼ばれる波長領域（650-800㎚）をもつ近赤外光が必要ですが、どうすれば、そんな光が作れるのでしょうか？

光らないガン細胞を発光させるには

ウミホタルルシフェラーゼの発光色は最大発光波長460㎚の青色ですが、生体内ではヘモグロビンにより青色発光は吸収されます。そこで注目したのはエネルギー移動現象です。私たちは近赤外光を発するインドシアニン化合物を抗体融合ウミホタルルシフェラーゼにある糖鎖に化学的に結合させました(図6-8A)。

その結果、図6-8Bに示すようにウミホタルルシフェラーゼから発した青色光エネルギーは糖鎖の先端のインドシアニン化合物を励起して650㎚より長波長の近赤外光を発することに成功しました。この発光反応を血液中で観察した結果、青色の光は吸収されますが、エネルギー移

●図6-8A

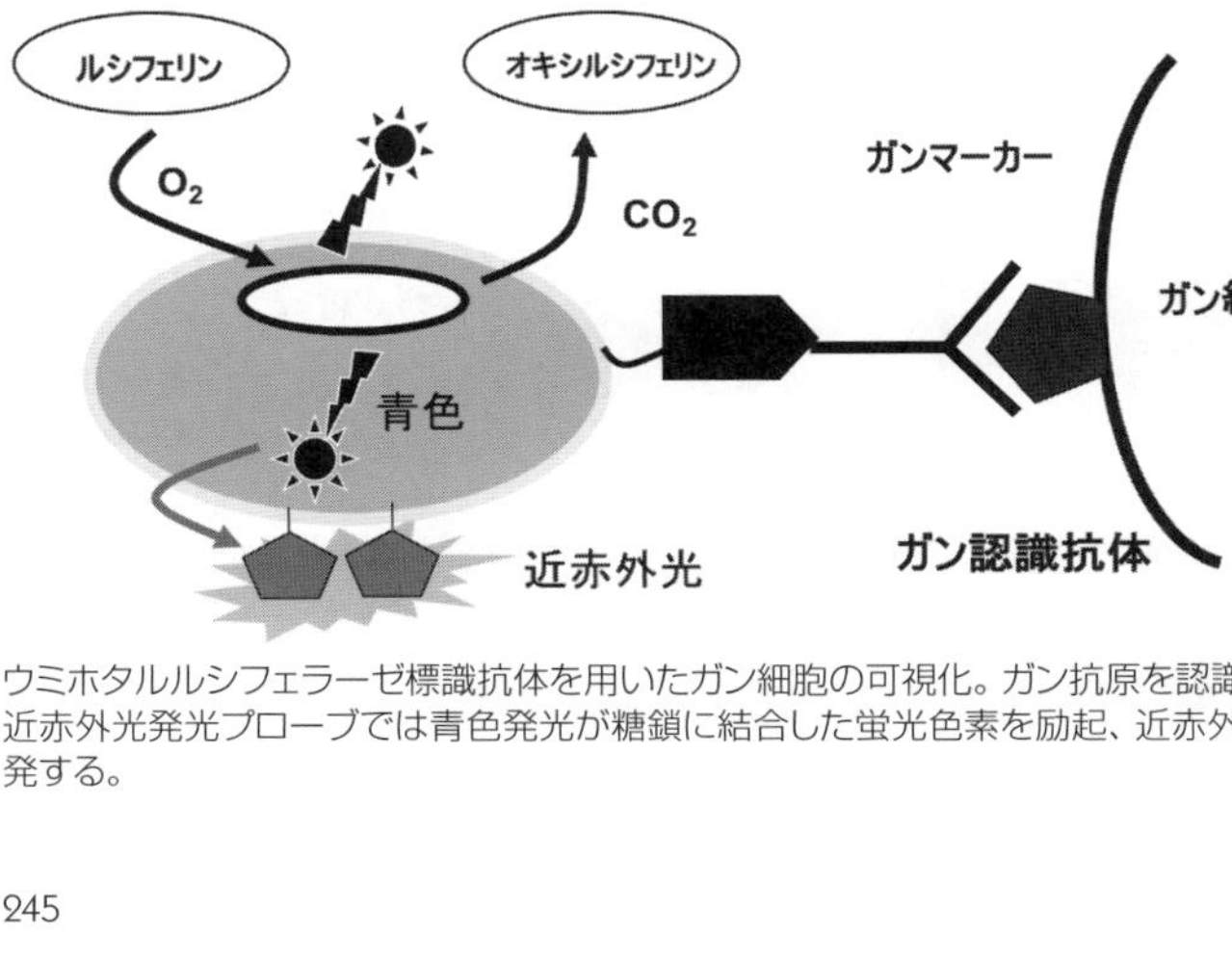

ウミホタルルシフェラーゼ標識抗体を用いたガン細胞の可視化。ガン抗原を認識する近赤外光発光プローブでは青色発光が糖鎖に結合した蛍光色素を励起、近赤外光を発する。

動して生まれた近赤外光のみが観察されました。

図6-8Aでもう一度、確認しましょう。抗体は細胞表層の抗原を認識し結合、抗体にはエネルギー移動を可能としたウミホタルルシフェラーゼがあり、ルシフェリンがくれば、近赤外光を発し、生体深部の抗原も可視化できます。

ガン細胞特異的な抗原を可視化

私たちは、ヒト肝ガン細胞の表層に特異的に出現するDlk-1というタンパク質を抗原とする抗体を入手しました。そこで、この抗体と近赤外発光可能なウミホタルルシフェラーゼを融合させたプローブを作製しました。一方、マウスにDlk-1タンパク質を強制的に発現させたガン細胞を移植しました。

●図6-8B

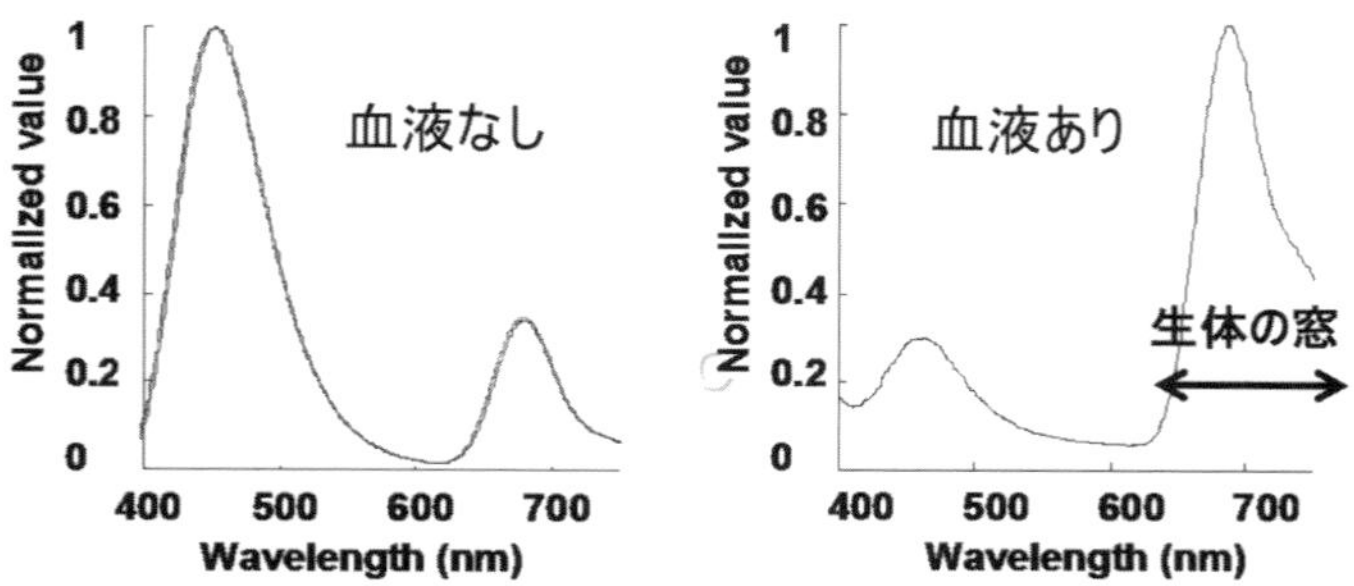

発光プローブの発光スペクトル。血液中では青色光は吸収される。

次に、この移植マウスに抗DIk-1抗体融合ウミホタルルシフェラーゼプローブを注射、24時間放置後、ルシフェリンを同じく注射した結果、数ミリ程度に成長したDIk-1を発現した細胞の位置を特定することができました(図6-8C)。

この方法によって、体内で発生したガン組織を、発光で可視化する方法を確立したのです。

●図6-8C

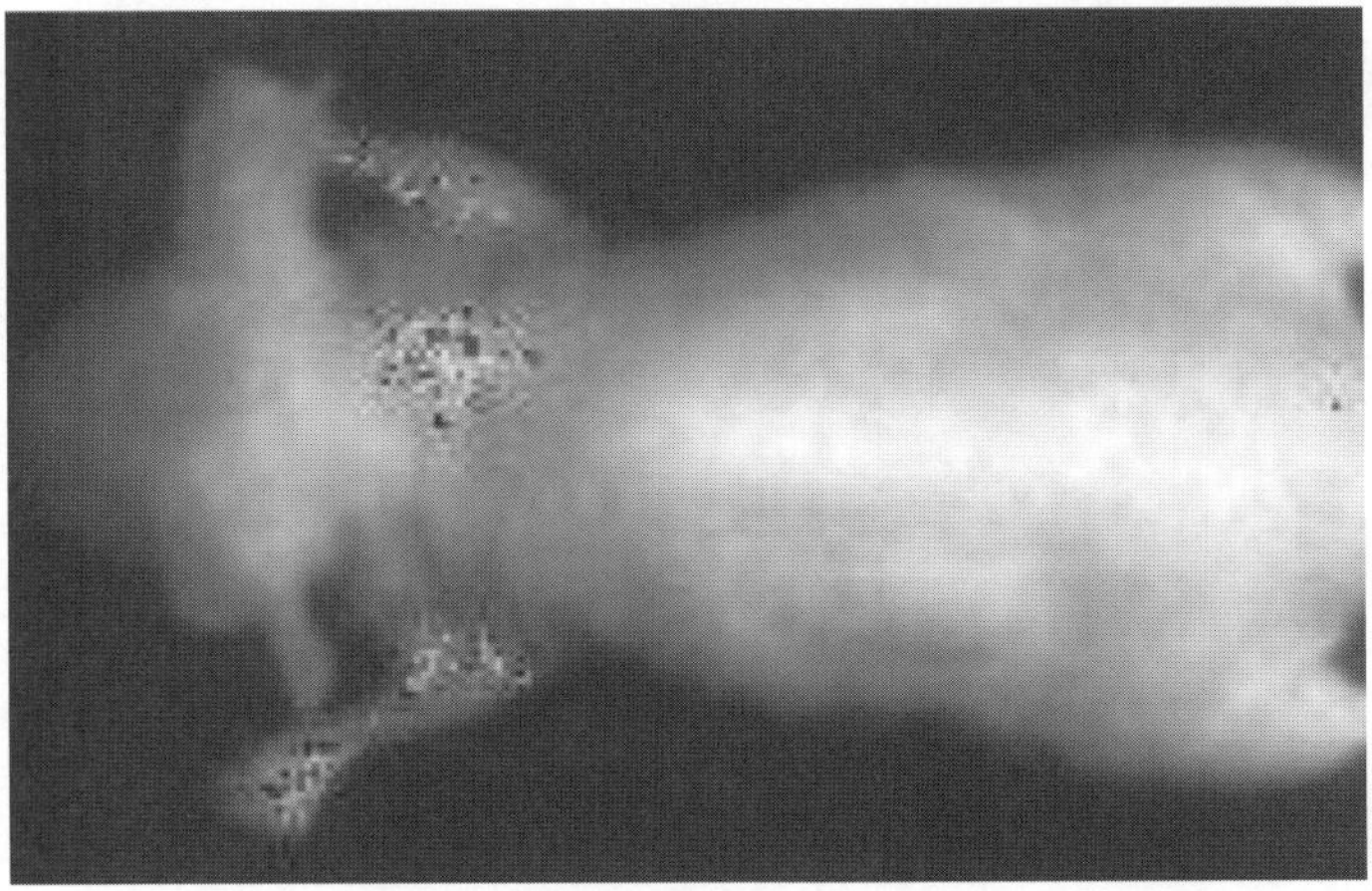

ガン抗原を発現する細胞をマウスに移植後、近赤外光発光プローブをマウスに注入。1日後、ウミホタルルシフェリンを注入し、ガン細胞を可視化する。

SECTION 57

病理切片でガン化を評価

定量性が求められている病理診断

病理診断とは体内から組織や細胞を採取、顕微鏡観察用の病理標本をつくり観察、診断することです。病理診断において免疫組織化学は抗体によって組織切片上の抗原を見つける方法で、目視の病変観察より精度の高い方法です。特に手術後の確定診断には必須な方法です。

免疫組織化学はイムノアッセイの病理標本版といってもよく、高精度と迅速性が求められています。高精度とは、より間違わないことを意味し、定性的な診断から定量的な診断を行うことが期待されています。つまり、判断の基準となる抗原の位置と量が数値化されることを、医師たちは望んでいます。また、迅速性とは、例えば、手術中の術中診断なら10分程度で判断できることが望ましいです。

抗体融合ウミホタルルシフェラーゼで病理診断に挑戦

図6-9は免疫組織化学において抗体融合ウミホタルルシフェラーゼを用いた場合（B）と、通常のペルオキシダーゼ標識二次抗体を用いた場合（A）を比べたものです。抗体融合ウミホタルルシフェラーゼを用いることで大幅に時間が短縮できることがわかります。

次に、腫瘍ガンマーカーの1つであるCEA（ガン胎児性抗原）に対する抗体とウミホタルルシフェラーゼを融合させたプローブを作りました。大腸ガン患者の検体組織標本にプローブを混ぜ、次に検体を洗浄し不要な抗体を除いた後、ルシフェリンを加え、発光を画像化したところ、他の

●図6-9

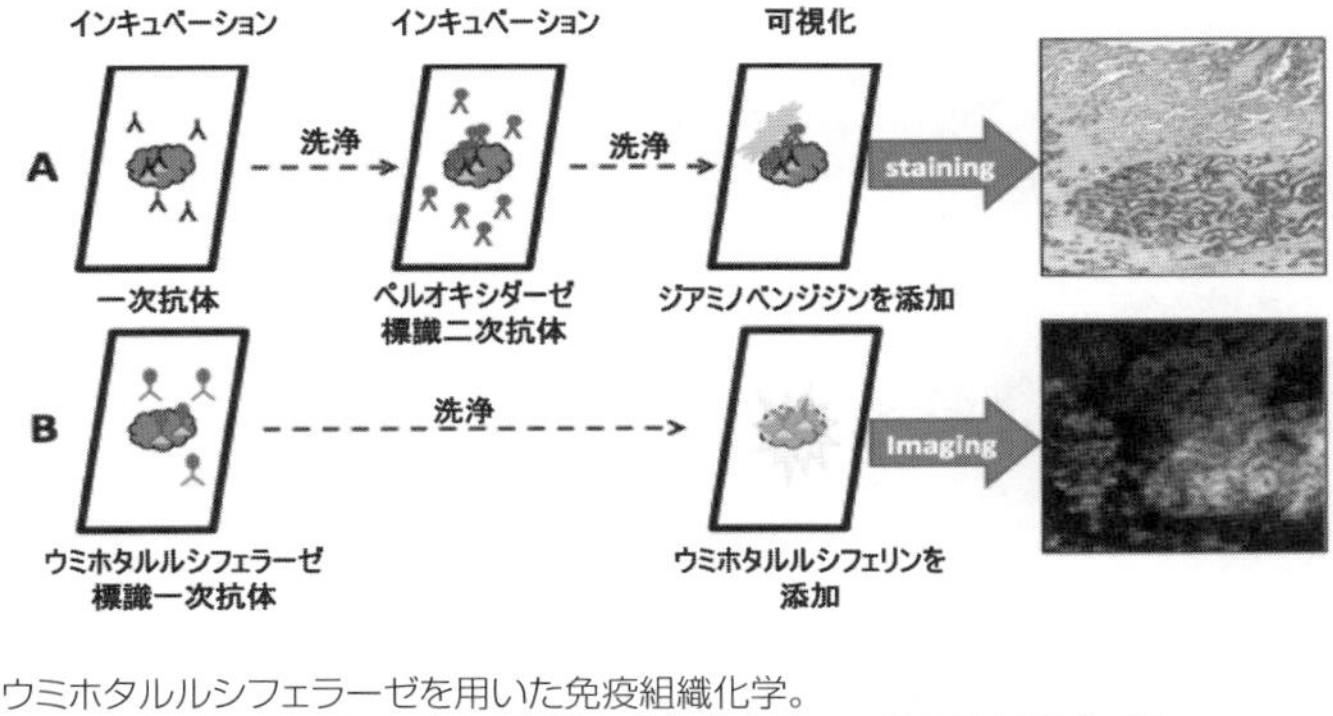

ウミホタルルシフェラーゼを用いた免疫組織化学。
A：一次抗体、ペルオキシダーゼ標識二次抗体を用いて抗原を可視化する。
B：一時抗体を融合ウミホタルルシフェラーゼを用いた後、ルシフェリンを加えることで抗原を可視化する。

酵素融合抗体と染色性が同じ発光画像を得ることができました(図6-9の右図)。

この方法により、通常ガン患者から取り出された組織標本の確定診断に1時間以上かかっていたものが、およそ10分で診断可能になります。

更なる挑戦は続く

プローブ量やルシフェリン量を最適化したところ、およそ10分ですべての作業が完了します。また、量が明らかなCEAをガラス板に固定したものを別に用意し、同様な方法で可視化し、CEA量と発光量の検量線(モノ差し)を作ることで、病理切片上のガン細胞のCEA量を定量することも可能です。これらの結果から、生物発光を利用することで、定量的で迅速な病理診断が可能になっています。

これから、生物発光は何を見せてくれるの?

何度も書きましたが、生物発光は「冷光」、生体に優しい光です。ただし光る仕組みは光る生物によって異なるという生物の多様性を最もよく表したシステムです。そして、まだまだ未知の生物発光の仕組みが残されたままです。一方、生物発光は有り合わせのシステムを利用していると考えられております。

有り合わせのシステムだからこそ、ＡＴＰやカルシウムイオンを可視化できるのです。おそらく未知のシステムの中には意外なものを可視化できるのかもしれません。例えば、血液のヘモグロビンに結合する鉄イオンだったり、葉酸のような生体化合物であったりです。生物発光が何を見せてれるのかは、科学者の腕次第でしょう。

さ行

た行

英数字・記号

あ行

か行

ま行

や行

ら行

は行

■参考文献

【著書等】

Harvey E.N. Bioluminescence, Academic Press INC. (1952)

Harvey E.N. A History of Luminescence -From the earliest times until 1900, Dover Publications INC (1957)

Shimomura O. Bioluminescence -Chemical Principle and Methods-, Mainland Press Pte Ltd (2006)

Wilson T &. Hastings JW, Bioluminescence -Living Light, Lights for Living, Harvard University Press (2013)

羽根田弥太　発光生物、恒星社厚生閣　(1985)

今井洋一編集　生物発光と化学発光-基礎と実験-　廣川書店　(1989)

今井洋一、近江谷克裕編集　バイオ・ケミルミネセンスハンドブック　丸善 (2006)

大場信義　ホタルの不思議　精興社　(2009)

木下修一、太田信廣、永井健治、南不二雄編集　発光の辞典-基礎からイメージングまで-　朝倉書店　(2015)

近江谷克裕訳(マーク ジマー "Bioluminescence")：発光する生物の謎 西村書店　(2017)

小澤岳昌、永井健治編集　実験医学別冊「発光イメージング実験ガイド」 羊土社　(2019)

【総説等】

近江谷克裕：発光甲虫の生物発光機構の基礎と応用-生物発光によって細胞情報を探る、生化学　76, 5-15 (2004)

丹羽 一樹, 中島 芳浩, 近江谷 克裕：発光甲虫プローブを用いた細胞機能解析　生化学　87：675-85 (2015)

近江谷克裕：発光生物の光る仕組みとその利用　化学と教育　64：372-375 (2016)

近江谷克裕：生物発光物資303-311頁、藻類ハンドブック NTS (2012)

■著者紹介

近江谷 克裕（おおみや よしひろ）

国立研究開発法人　産業技術総合研究所（産総研）　生命工学領域　特命上席研究員、タイVISTEC大学院大学　招聘教授、大阪工業大学・鳥取大学　客員教授

1990年医学博士号取得後、（財）大阪バイオサイエンス、科学技術振興機構、静岡大学、北海道大学、産総研などを経て2020年より現職。専門は生化学、光生物学、細胞工学。大阪バイオサイエンス研究所時代に生物発光研究の第一人者であるFrederick辻、下村脩、W Hastings博士らに会い、生物発光の世界に。発光甲虫、ウミホタル、発光性渦鞭毛藻などを対象に世界各地のフィールドワークから医学分野での応用まで、基礎、応用、製品化研究を推進する。国際生物発光化学発光学会元会長・現評議員を務め世界各地に生物発光研究のネットワークを持つ。大好きなブラジルやタイでのんびり研究を続けたいと夢想している。

三谷 恭雄（みたに やすお）

産総研　生物プロセス研究部門　研究グループ長

2001年博士（理学）号取得後、産総研入所。ドイツマックスプランク生化学研究所博士研究員、経済産業省製造産業局生物化学産業課出向など経て2017年より現職。専門は分子生物学、生化学。大学院ではホヤの発生に関する研究を行い、産総研入所後は新規微生物の探索や有用機能開発などに携わりつつ、近江谷博士とのノルウェーでのフィールドワークを機に、2010年頃から発光生物研究の世界にも足を踏み入れ、現在に至っている。やはり海や海の生物は好きな対象で、発光生物でも海のものに目が行きがち。単身赴任の気楽な身で時間を見つけては文庫本漁りと札幌近郊の山歩きを楽しんでいる。

編集担当：西方洋一 ／ カバーデザイン：秋田勘助（オフィス・エドモント）
写真：©Jacek Nowak - stock.foto

SUPERサイエンス
生物発光の謎を解く

2021年6月1日　初版発行

著　者　近江谷克裕、三谷恭雄
発行者　池田武人
発行所　株式会社　シーアンドアール研究所
新潟県新潟市北区西名目所4083-6（〒950-3122）
電話　025-259-4293　FAX　025-258-2801
印刷所　株式会社　ルナテック

ISBN978-4-86354-351-5 C0045